动物剖检技术图谱

主 编　吕永智　雍　康

重庆大学出版社

内容提要

本书是高等职业院校畜牧兽医、动物医学、动物防疫与检疫、宠物医学、动物药学等相关专业的专业核心课教材。本书内容简明扼要，全书以图片为主，突出应用，强调形象直观的教学模式，引导学生主动获取知识和技能。

全书包括5个项目：鸡的剖检技术、猪的剖检技术、羊的剖检技术、家兔的剖检技术、组织器官检查技术。

本书可作为高等职业院校畜牧兽医相关专业的教材，也可作为基层畜牧兽医工作人员、宠物行业从业人员的自学参考资料。

图书在版编目（CIP）数据

动物剖检技术图谱 / 吕永智，雍康主编. -- 重庆：重庆大学出版社，2020.2
ISBN 978-7-5689-1830-5

Ⅰ. ①动… Ⅱ. ①吕…②雍… Ⅲ. ①兽医学—病理解剖学—图谱—高等职业教育—教材 Ⅳ. ①S852.31-64

中国版本图书馆CIP数据核字（2019）第229244号

动物剖检技术图谱
DONGWU POUJIAN JISHU TUPU

吕永智 雍 康 主编
策划编辑：范 琪 彭 宁

责任编辑：范 琪 彭 宁 版式设计：博卷文化
责任校对：谢 芳 责任印制：张 策

*

重庆大学出版社出版发行
出版人：饶帮华
社址：重庆市沙坪坝区大学城西路21号
邮编：401331
电话：（023）88617190 88617185（中小学）
传真：（023）88617186 88617166
网址：http://www.cqup.com.cn
邮箱：fxk@cqup.com.cn（营销中心）
全国新华书店经销
重庆俊蒲印务有限公司印刷

*

开本：889mm×1194mm 1/16 印张：5.25 字数：166千
2020年2月第1版 2020年2月第1次印刷
ISBN 978-7-5689-1830-5 定价：49.80元

EDITORIAL BOARD

PREFACE
前　言

　　动物剖检技术是高等职业院校畜牧兽医、动物医学、动物防疫与检疫、宠物医学、动物药学等专业学生必备的专业技能。作为一门重要的专业核心课程，动物剖检技术一直被公认为是畜牧兽医类相关专业学生核心技能培养的重要支撑之一。

　　本书针对高职教育的特点，结合新生职业体验、学情分析、企业技术需求调研以及人才培养方案，总结作者多年讲授该课程的一线教学经验，自主拍摄剖检技术操作图片，多方共同努力编写而成。

　　本书以实用、够用为原则，简明扼要、条理清楚。本书针对高等职业教育特点，重点突出形象直观的教学模式，全书通过图片激发学生学习兴趣，增强可读性，让学生通过本书的学习能够获得真正的剖检操作技能，把过去的填鸭式教学模式变为思考、研讨、探究、实战等相结合的教学模式。

　　动物剖检技术能力的培养是一个复杂且艰辛的过程，需要学生反复实践才会熟能生巧，我们总结经验编写这本书，实为抛砖引玉，旨在为教学改革提供一种尝试和参考。

　　本书由重庆三峡职业学院吕永智和雍康担任主编，具体分工如下：鸡的剖检技术（吕永智）、猪的剖检技术（何航）、羊的剖检技术（雍康）、家兔的剖检技术（杨延辉、杨庆稳、王玉洁、张传师）、组织器官检查技术（曹婷婷、向邦全、吕永智）。吕永智、雍康、张传师、向邦全、何航、白永平、曹婷婷、杨延辉、周乾兰、周乐、胡爽、刘行、吴金峰、舒宝山、王朝明等参与了本书的照片拍摄。

　　本书在编写过程中参考了许多同类著作，在此深表谢意！另有部分资料来自互联网，在此一并致谢！由于编者水平有限，不足之处在所难免，恳请广大同仁和读者批评指正！

编　者
2019.8

CONTENTS
目　录

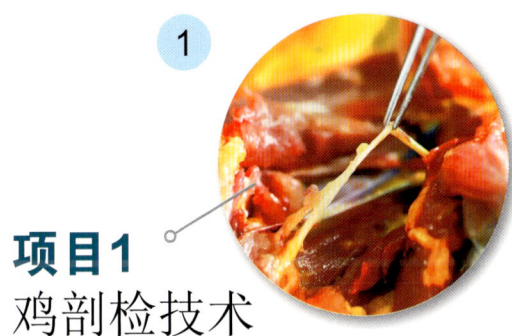

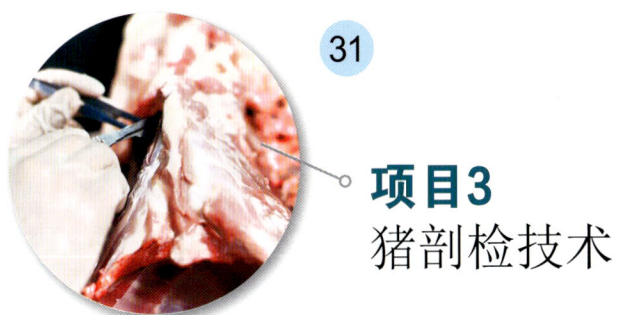

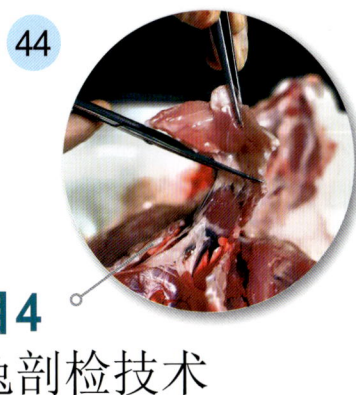

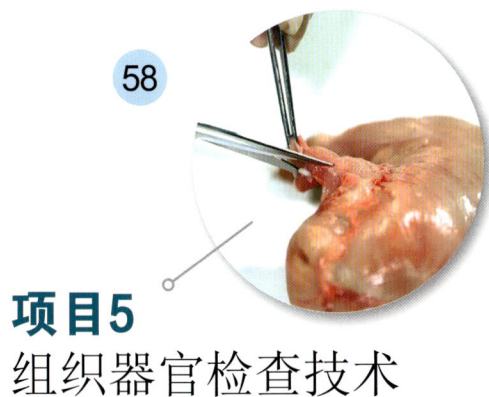

动物剖检技术图谱

ATLAS OF ANIMAL AUTOPSY TECHNOLOGY

项目1 鸡剖检技术

　　鸡的解剖结构和大动物相比差异较大，因此其剖检技术也存在较大差异。在鸡的消化系统中，有发达的肌胃和嗉囊（食管后段暂时贮藏食物的膨大的部分），肠管较短，而十二指肠较大，盲肠有两条。肺形态小，并固定在肋间隙中，有九个和肺相通的气囊。左右二肾固定在腰部，分为前、中、后三叶，鸡无膀胱，其输尿管直接通入泄殖腔。鸡的左侧卵巢发达，成年母鸡右侧卵巢退化，其输卵管通入泄殖腔。公鸡睾丸位于腰区。鸡和火鸡无独立成形的淋巴结，淋巴结组织是在其他器官和组织中散在分布的，但在泄殖腔上边却有一个独特的淋巴器官——腔上囊，即法氏囊，性成熟时（鸡4～5月龄，鸭3～4月龄）最大，以后逐渐萎缩、变小。此外，鸡没有明显完整的膈，无胸腹腔之分，二者相通，统称为体腔。必须注意，在鸡的气管分叉处（即气管与支气管交界处）有一发声器官，即鸣管。

　　鸡尸检的顺序和方法如下：

第一步 | 体表检查

　　鸡的外部检查主要包括羽毛、营养状况、天然孔、皮肤、骨和关节。

　　检查羽毛是否粗乱、脱落（图1-1、图1-2）、生长是否正常，有无寄生虫（图1-3），泄殖孔周围的羽毛（图1-4）有无粪便污染。

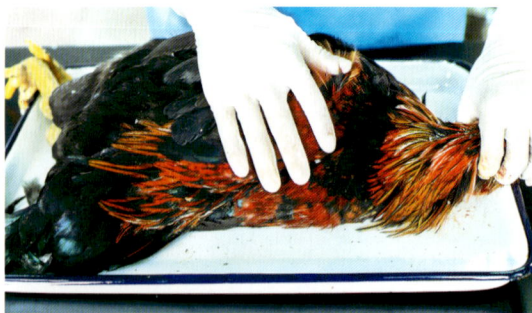

图1-1 检查羽毛

图1-2 检查羽毛

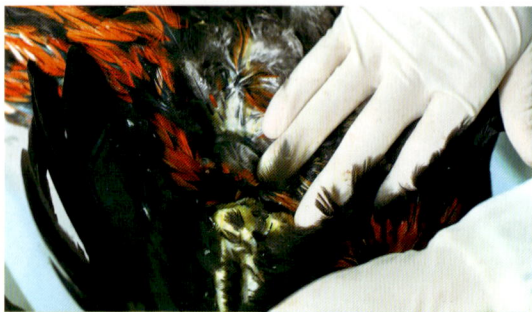

图1-3 检查生长状况、有无寄生虫

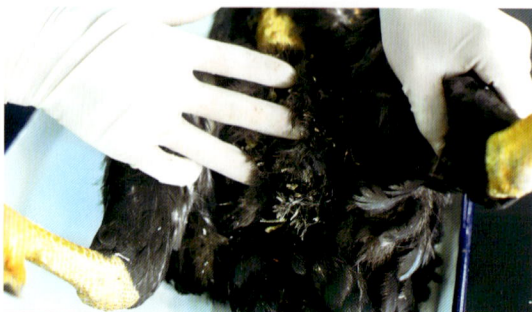

图1-4 检查泄殖腔污染情况

用手指在胸骨两侧触摸鸡肌肉的多少和胸骨嵴的显现情况，以确定其营养状况（图1-5）。

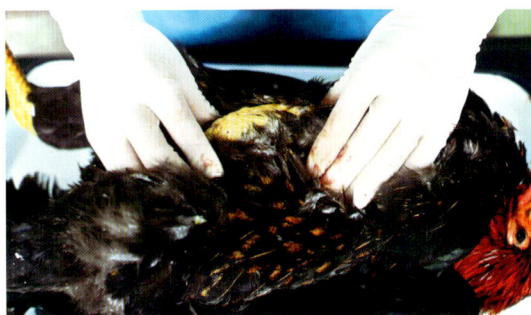

图1-5　检查营养状况

检查天然孔、口腔（图1-6）、鼻腔（图1-7、图1-8）、泄殖腔（图1-9），注意其分泌物、排泄物的多少和性状。

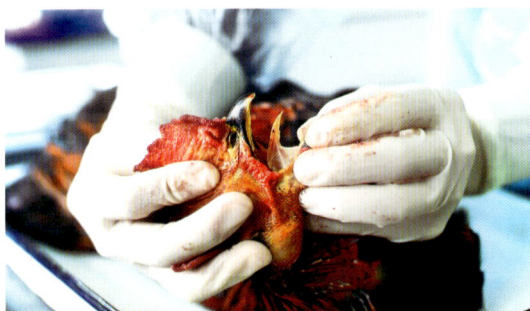

图1-6　检查口腔

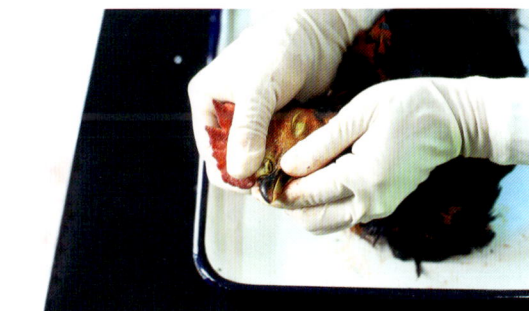

图1-7　检查鼻孔

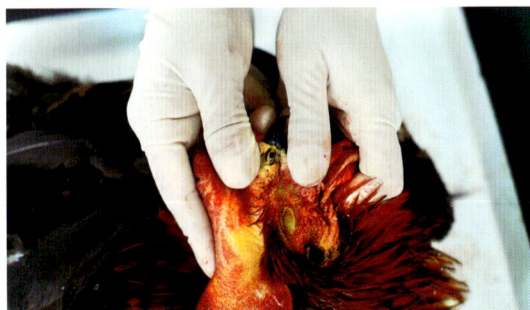

图1-8　检查鼻孔

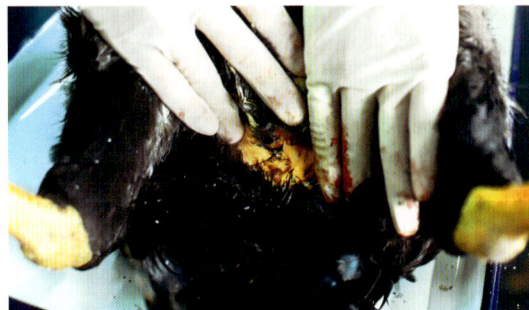

图1-9　检查泄殖腔

检查皮肤时，特别要注意检查冠（图1-10）和肉髯（图1-11）的大小和颜色，同时观察头颈部（图1-12、图1-13）、体躯与腿部皮肤有无痘疹、出血、结节等病变（图1-14、图1-15、图1-16）。

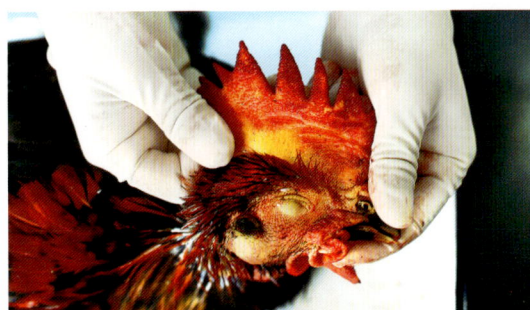

图1-10　检查冠

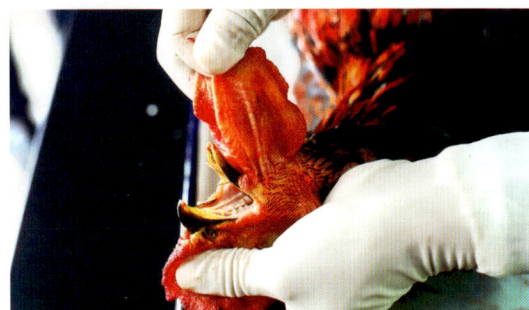

图1-11　检查肉髯的大小和颜色

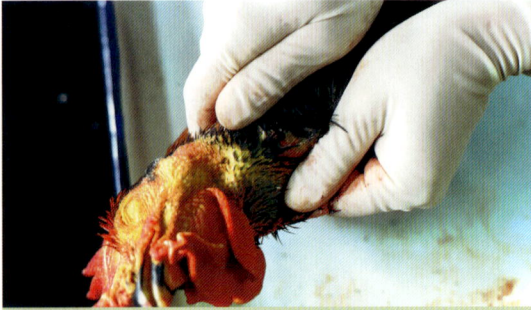
图1-12　检查头颈部皮肤

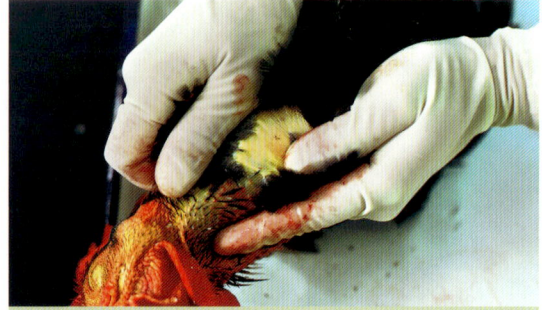
图1-13　检查头颈部皮肤

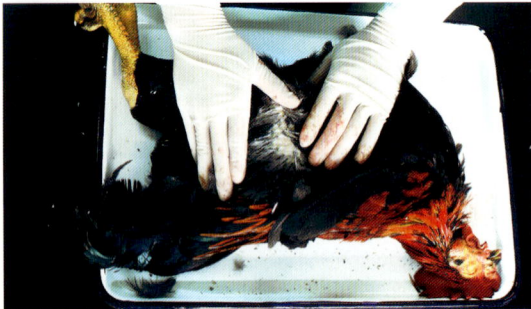
图1-14　检查体躯皮肤

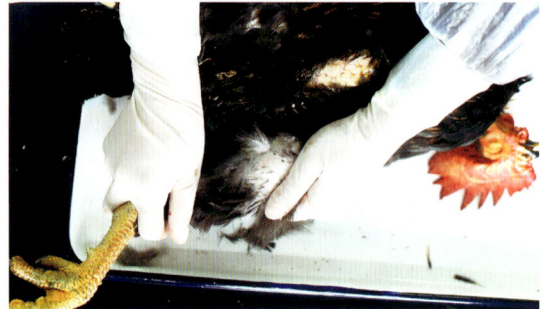
图1-15　检查腿部皮肤

图1-16　检查腿部皮肤

　　骨和关节的检查，应着重确定趾骨的粗细、有无骨折、骨关节的肿大与变形等（图1-17、图1-18）。

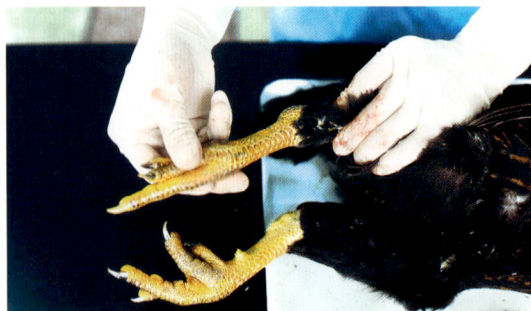
图1-17　检查关节

图1-18　检查关节

第二步　体表消毒

用消毒液（图1-19）浸湿羽毛和皮肤（图1-20）。

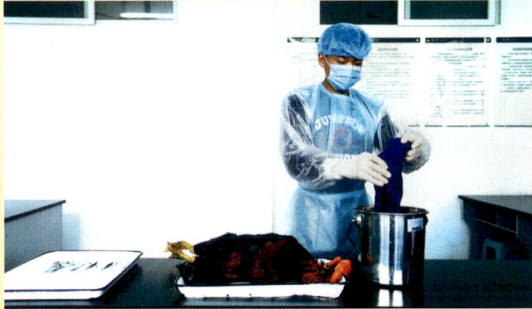

图1-19　准备消毒液

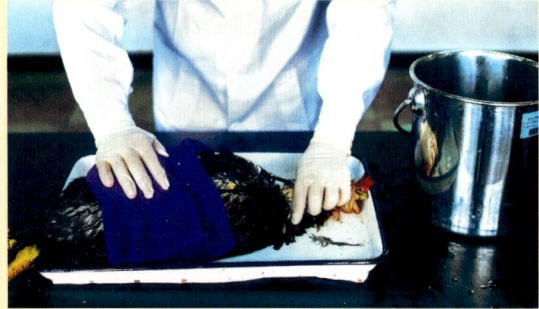

图1-20　用消毒液浸湿羽毛和皮肤

第三步　拔毛与尸体固定

拔除颈、胸与腹部的羽毛（图1-21、图1-22），剪断两趾内侧基部同躯体的联系（皮肤、结缔组织与肌肉）（图1-23、图1-24），并将两后肢压至髋关节脱臼（图1-25），使尸体仰卧固定。

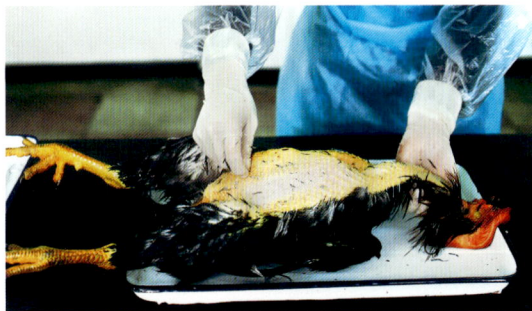

图1-21　拔除羽毛

图1-22　拔除羽毛

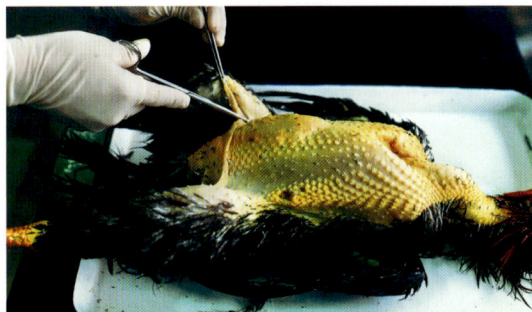

图1-23　髋关节处剪断皮肤、结缔组织与肌肉

图1-24　髋关节处剪断皮肤、结缔组织与肌肉

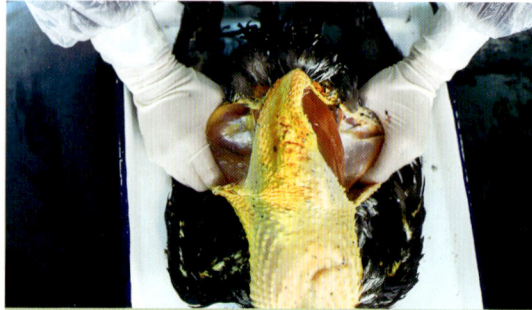
图1-25 将髋关节压至脱臼

第四步 剥 皮

　　由下颌间隙（图1-26、图1-27）沿体中线至泄殖腔切开皮肤（图1-28、图1-29、图1-30、图1-31）并向两侧剥离（图1-32、图1-33、图1-34），注意不要切破嗉囊。检查胸腺大小及发育情况（图1-35、图1-36、图1-37），检查皮下有无出血、肌肉颜色是否正常等（图1-38）。

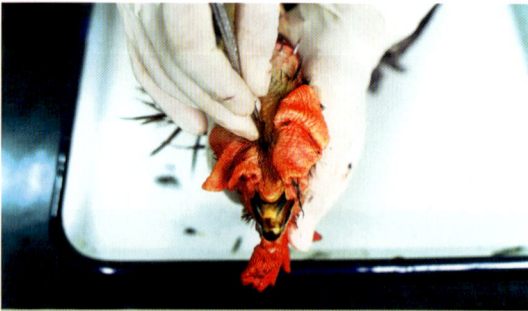
图1-26 由下颌间隙切开皮肤

图1-27 由下颌间隙切开皮肤

图1-28 沿颈部中线切开皮肤

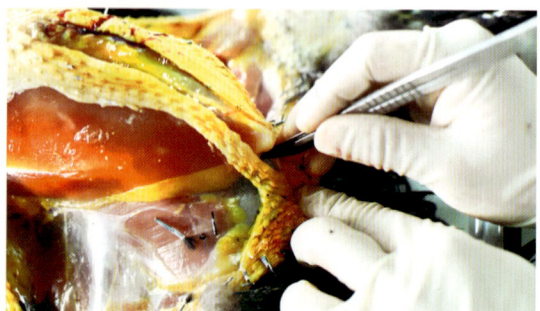
图1-29 沿体中线切开皮肤

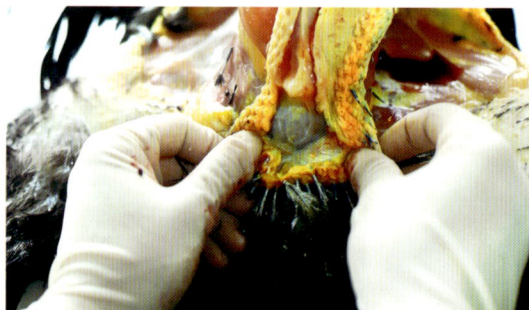
图1-30 沿体中线切开皮肤

图1-31 沿体中线切开皮肤

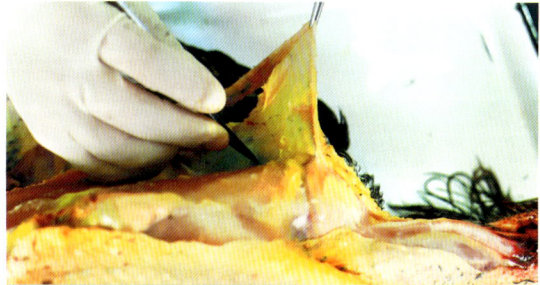

图1-32 向两侧剥离皮肤

图1-33 向两侧剥离皮肤

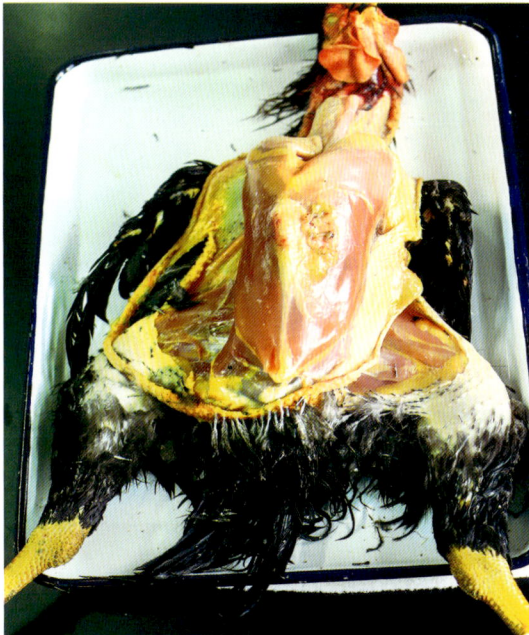

图1-34 向两侧剥离皮肤

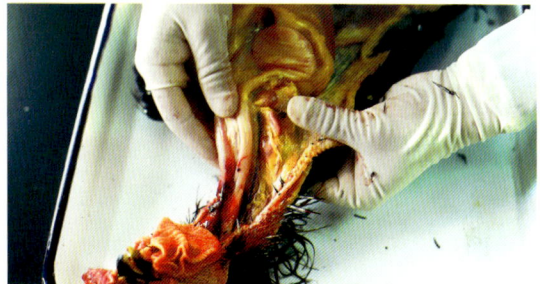

图1-35 检查胸腺大小及发育情况

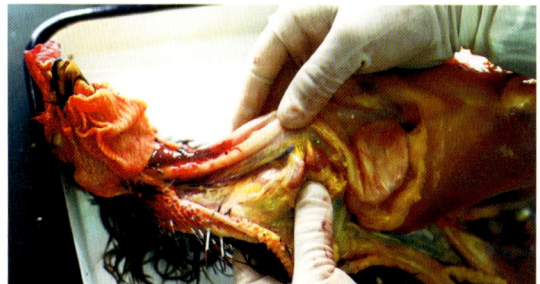

图1-36 检查胸腺大小及发育情况

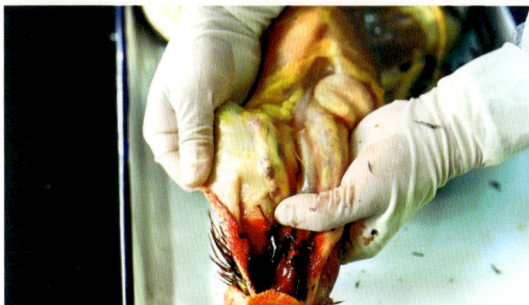

图1-37 检查胸腺大小及发育情况

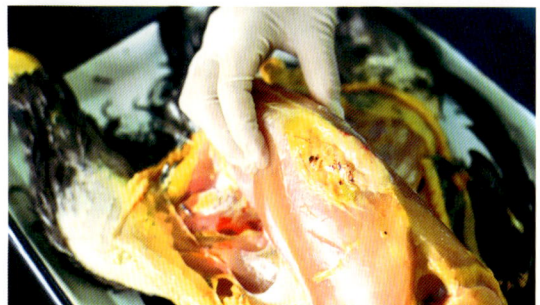

图1-38 检查皮下有无出血、肌肉颜色是否正常

第五步 剖开体腔

① 从胸骨后端至泄殖孔纵形切开体腔（图1-39、图1-40）。

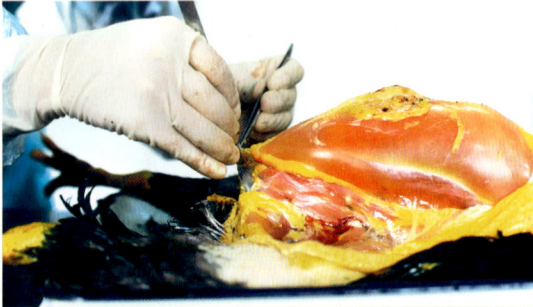

图1-39　从胸骨后端至泄殖孔纵形切开体腔

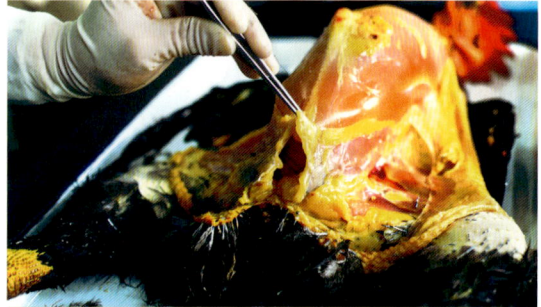

图1-40　从胸骨后端至泄殖孔纵形切开体腔

② 在胸骨两侧的体壁上向前延长纵形切口（图1-41），将两侧体壁剪开（图1-42）。

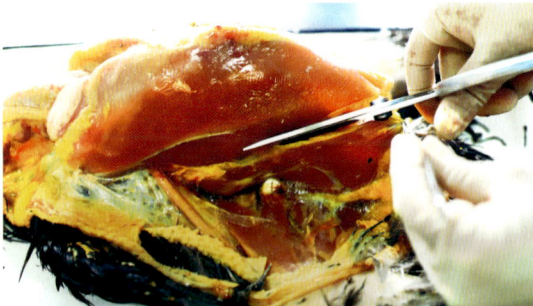

图1-41　沿胸骨两侧剪开体壁

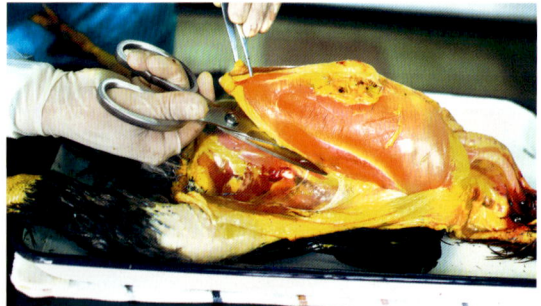

图1-42　沿胸骨两侧剪开体壁

③ 用胸剪剪断乌喙骨和锁骨（图1-43），手握龙骨嵴，向上前方用力扳拉（图1-44），揭开胸骨（图1-45），剪断肝、心与胸骨的联系及其周围的软组织（图1-46、图1-47），即暴露体腔（图1-48）。

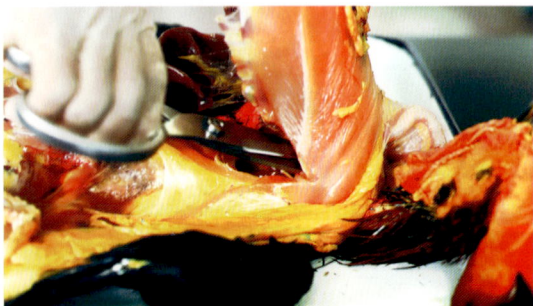

图1-43　剪断乌喙骨和锁骨

图1-44　手握龙骨嵴，向上前方用力扳拉

图1-45 揭开胸骨

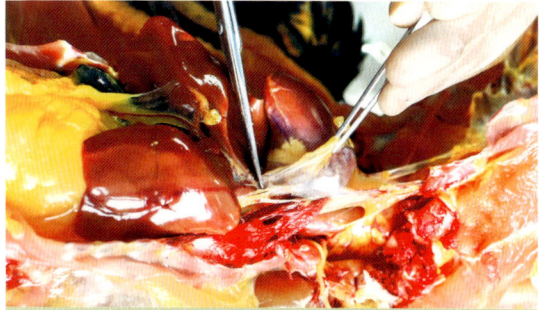

图1-46 剪断肝、心与胸骨的联系

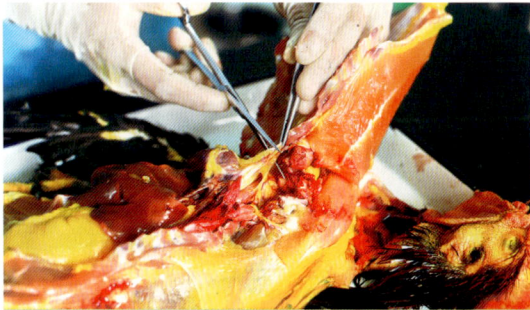

图1-47 剪断肝、心与胸骨的联系

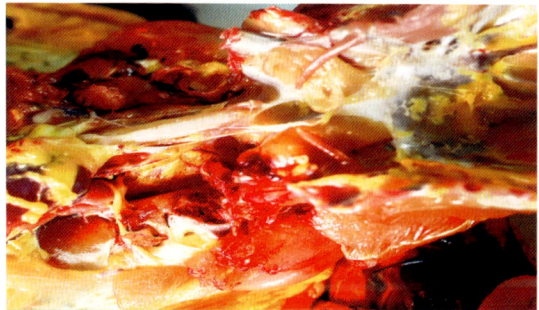

图1-48 暴露体腔及检查体腔

第六步 视检体腔

注意气囊有无霉菌生长或其他变化，特别要检查体腔内有无炎性渗出物、腔积血以及卵黄性腹膜炎。

第七步 取出器官

依次取出下列器官：心与心包（图1-49、图1-50、图1-51）、肝（图1-52、图1-53、图1-54、图1-55、图1-56）、脾（图1-57、图1-58、图1-59、图1-60、图1-61）、腺胃和肌胃（图1-62、图1-63、图1-64、图1-65、图1-66）、肠和胰（图1-67、图1-68、图1-69、图1-70、图1-71、图1-72）、睾丸（图1-73、图1-74、图1-75、图1-76）、气管和肺（图1-77、图1-78、图1-79、图1-80、图1-81）、肾（图1-82）、法氏囊（图1-83、图1-84、图1-85、图1-86、图1-87、图1-88）、嗉囊（图1-89、图1-90、图1-91）、胸腺（图1-92、图1-93、图1-94、图1-95）。

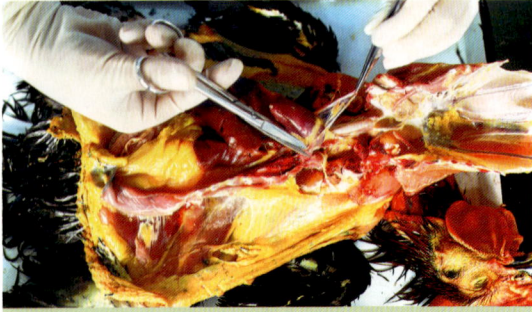
图1-49　取心与心包

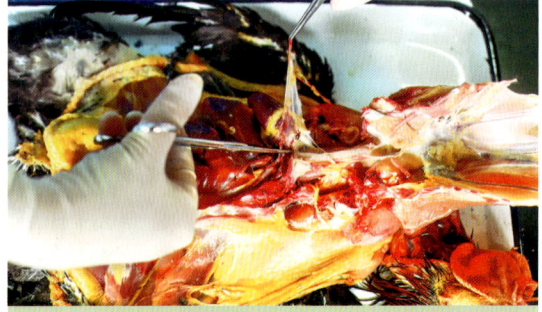
图1-50　取心与心包

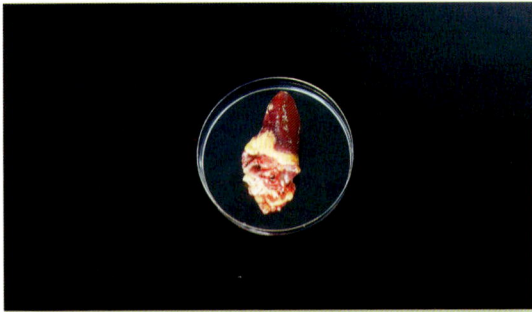
图1-51　取出心脏

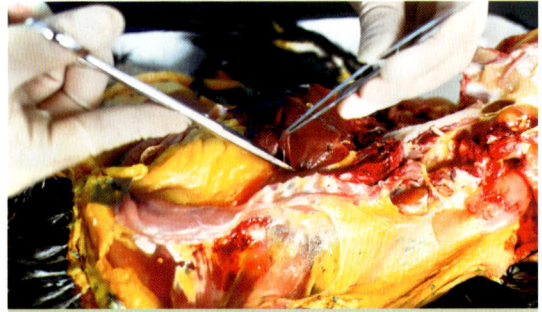
图1-52　取肝脏

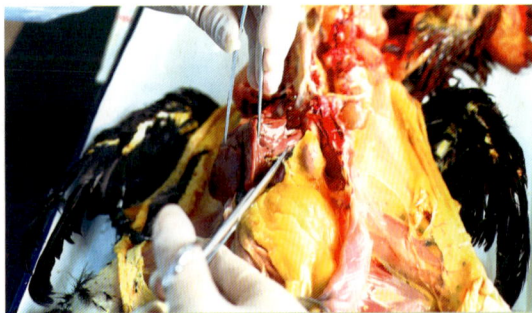
图1-53　取肝脏

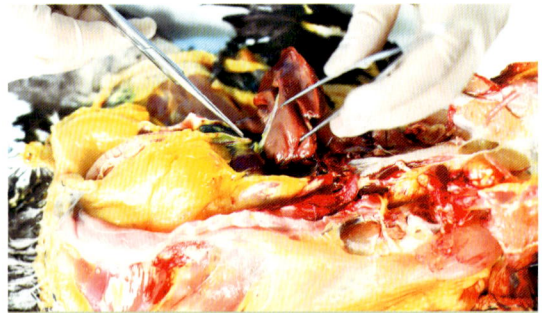
图1-54　取肝脏

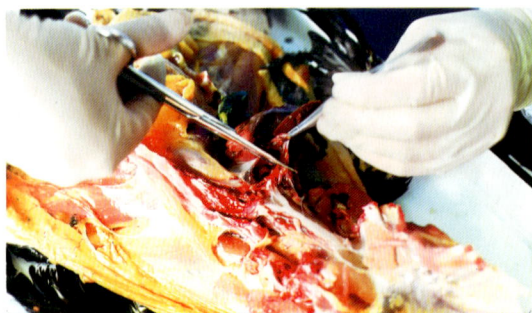
图1-55　取肝脏

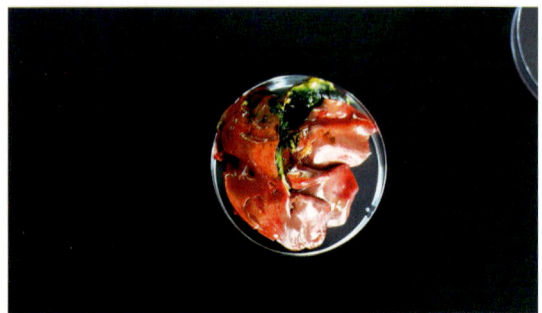
图1-56　取出肝脏

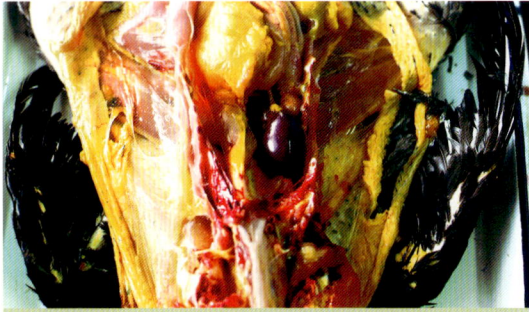
图1-57　取脾脏

图1-58　取脾脏

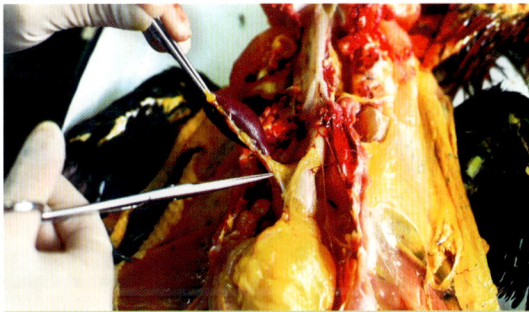
图1-59　取脾脏

图1-60　取脾脏

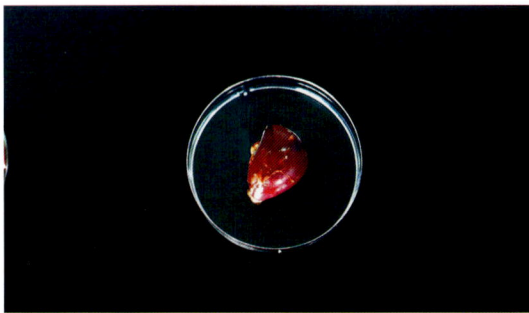
图1-61　取出脾脏

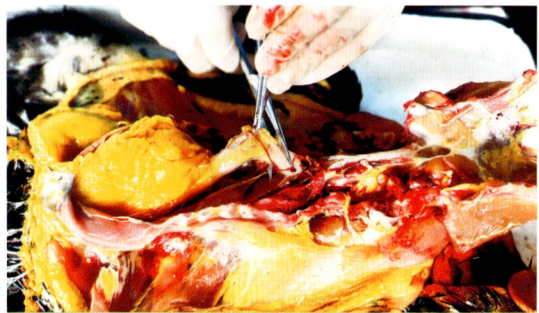
图1-62　取腺胃和肌胃

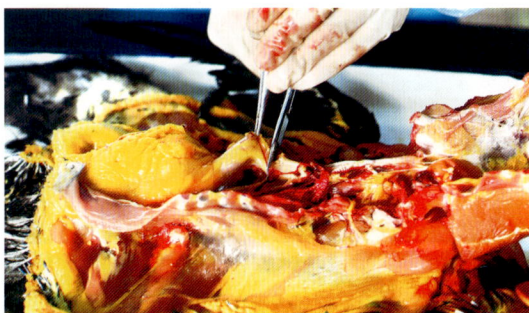
图1-63　取腺胃和肌胃

图1-64　取腺胃和肌胃

图1-65　取腺胃和肌胃

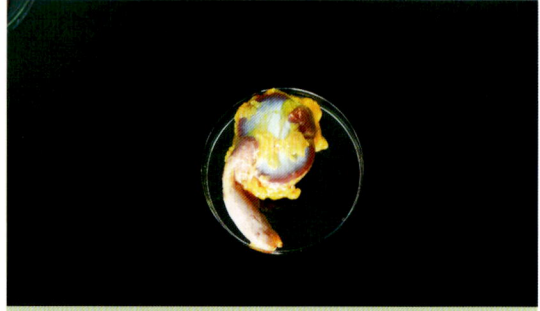

图1-66　取出腺胃和肌胃

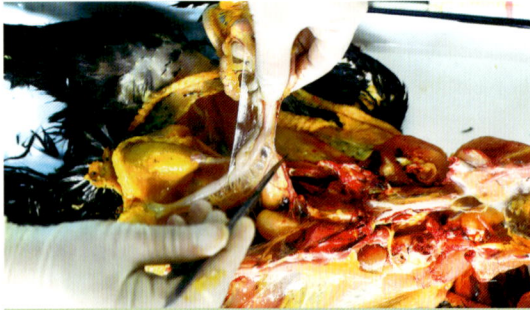

图1-67　取肠和胰

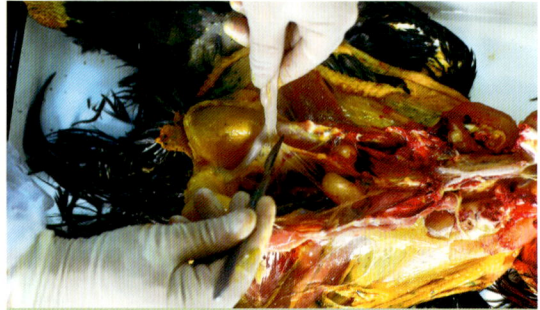

图1-68　取肠和胰

图1-69　取肠和胰

图1-70　取肠和胰

图1-71　取肠和胰

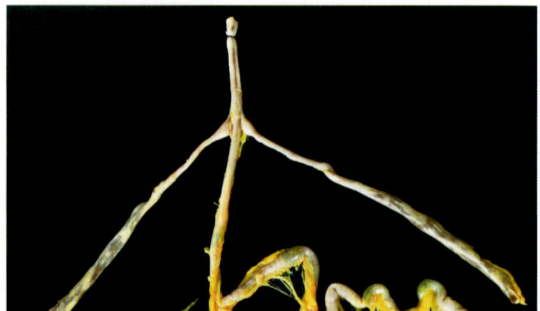

图1-72　取出肠和胰

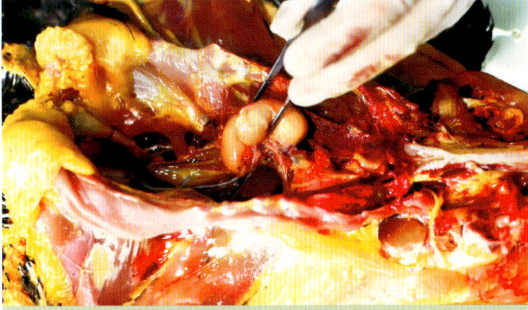
图1-73　取睾丸

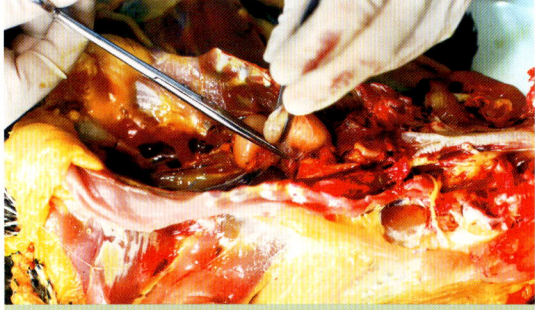
图1-74　取睾丸

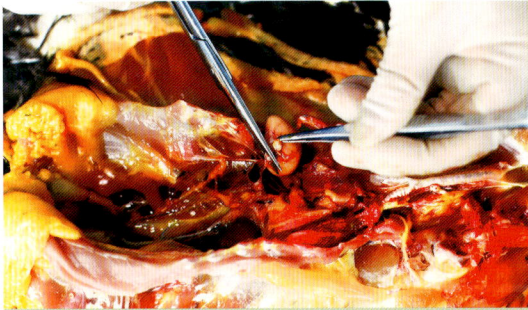
图1-75　取睾丸

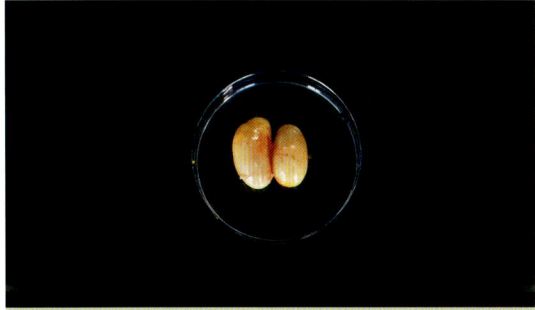
图1-76　取出睾丸

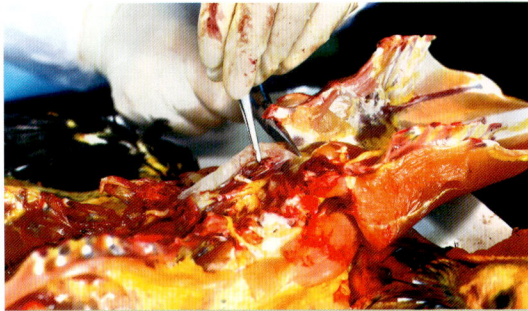
图1-77　取气管和肺

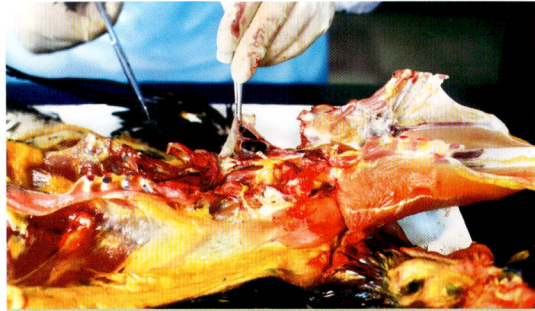
图1-78　取气管和肺

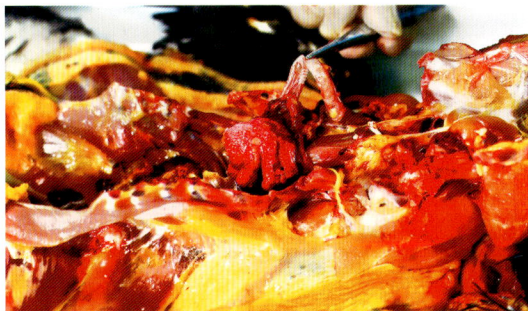
图1-79　取气管和肺

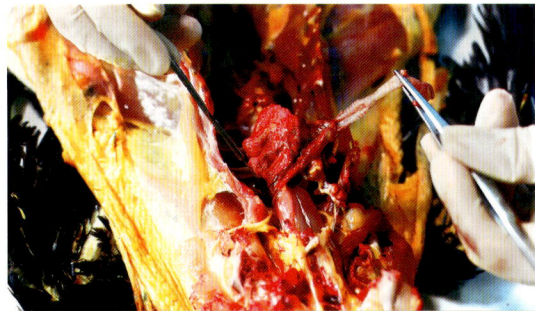
图1-80　取气管和肺

图1-81　取出气管和肺

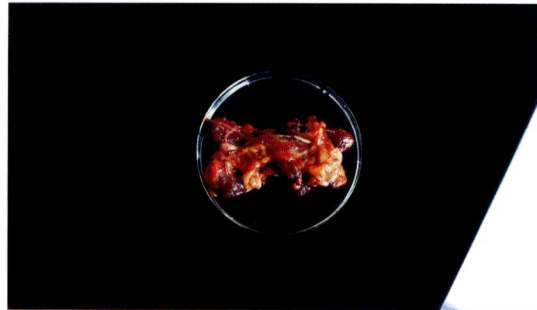
图1-82　取出肾

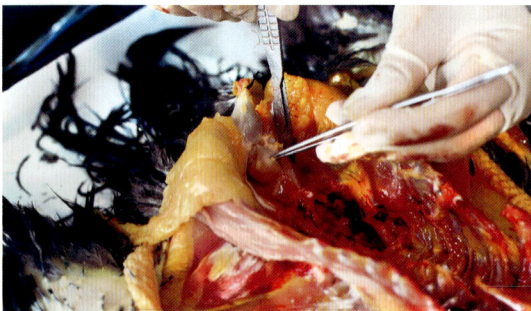
图1-83　取法氏囊

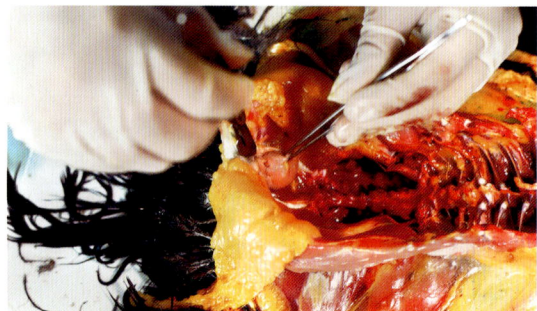
图1-84　取法氏囊

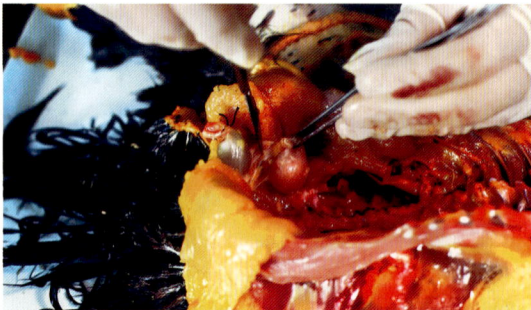
图1-85　取法氏囊

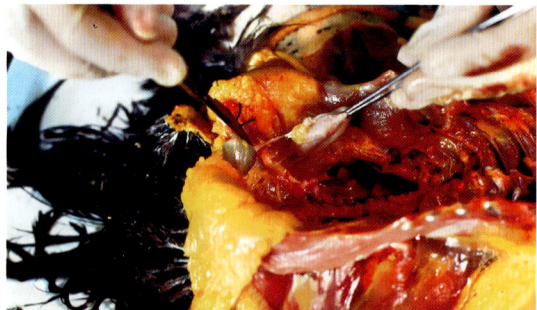
图1-86　取法氏囊

图1-87　取出法氏囊

图1-88　剪开法氏囊

图1-89　取嗉囊

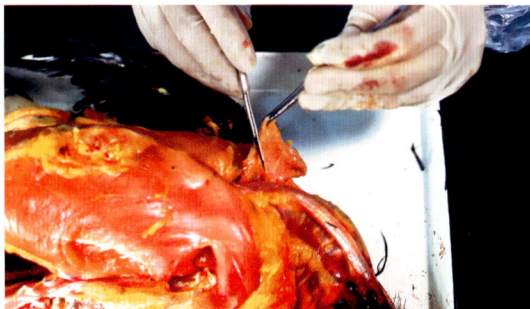

图1-90　取嗉囊

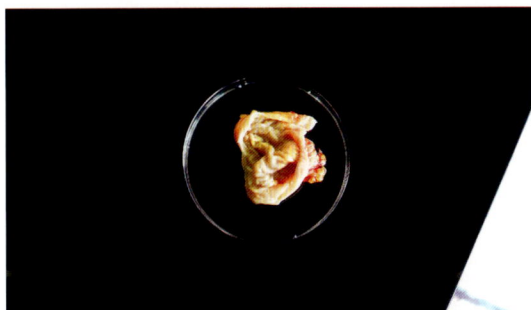

图1-91　取出嗉囊

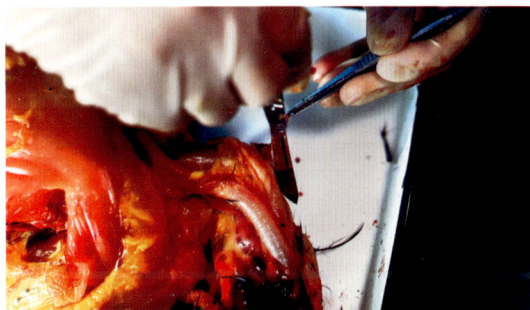

图1-92　取胸腺

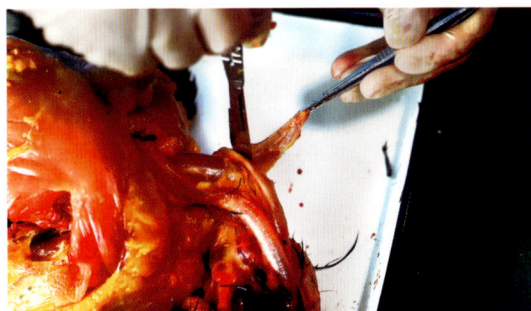

图1-93　取胸腺

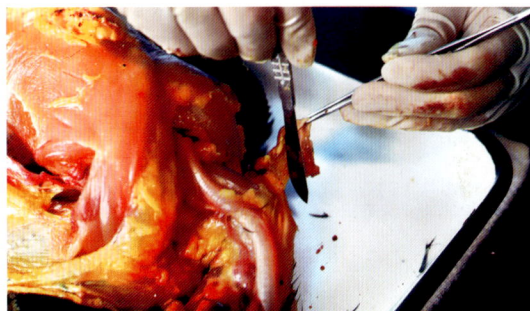

图1-94　取胸腺

图1-95　取出胸腺

第八步　检查口腔及呼吸道

检查口腔、上呼吸道，观察喉头、气管有无充血、出血、水肿等病理变化（图1-96、图1-97、图1-98、图1-99、图1-100、图1-101、图1-102、图1-103）。

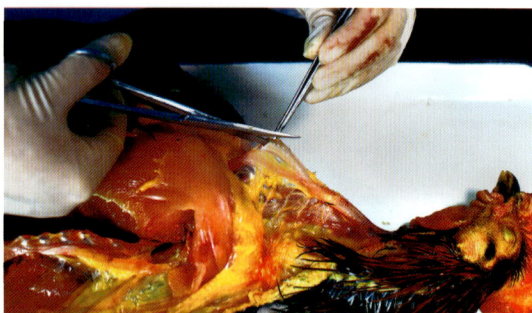
图1-96　剪开气管

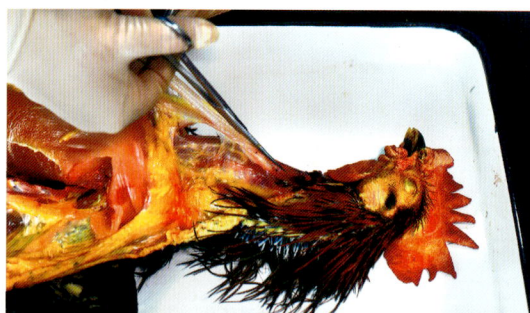
图1-97　剪开气管

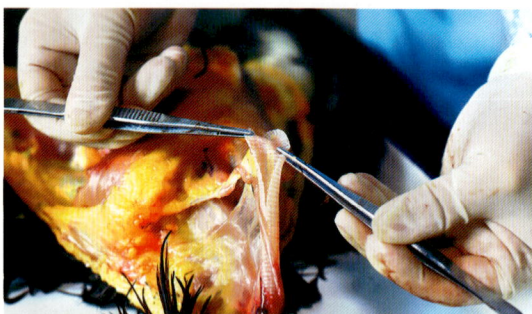
图1-98　检查气管

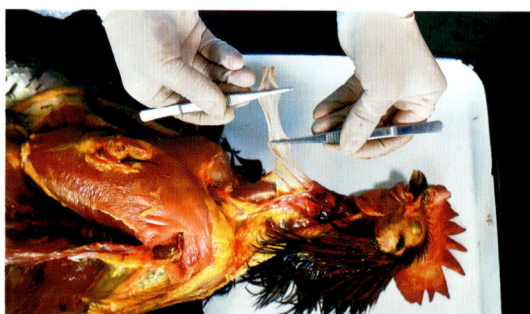
图1-99　检查气管

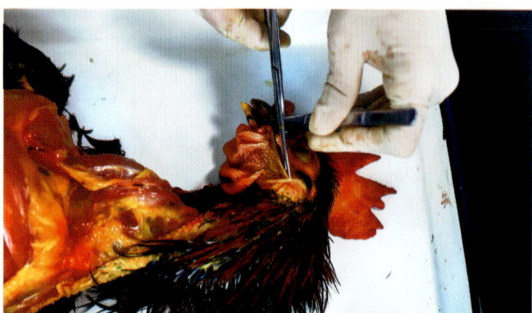
图1-100　从嘴角剪开口腔

图1-101　检查口腔和喉

图1-102　检查口腔和喉

图1-103　取出喉

✂ **第九步** | 打开颅腔、检查脑部

打开颅腔，观察脑膜有无充血、水肿、出血等病理变化（图1-104、图1-105、图1-106、图1-107、图1-108、图1-109、图1-110、图1-111、图1-112）。

图1-104 剪去头部羽毛及皮肤

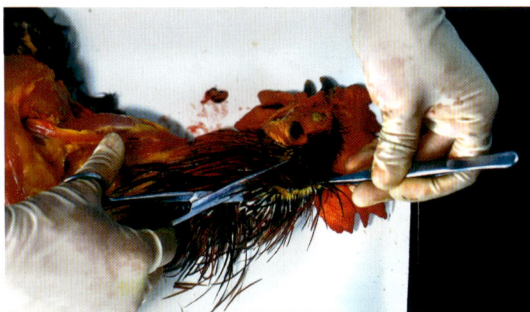
图1-105 剪去头部羽毛及皮肤

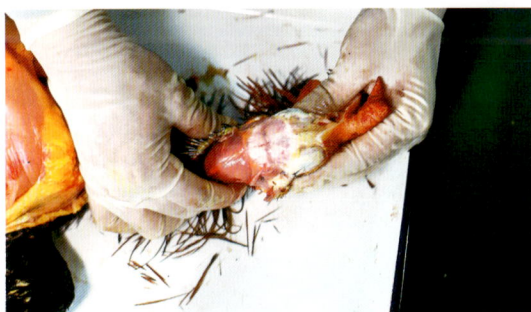
图1-106 剪去头部羽毛及皮肤

图1-107 剪开颅腔

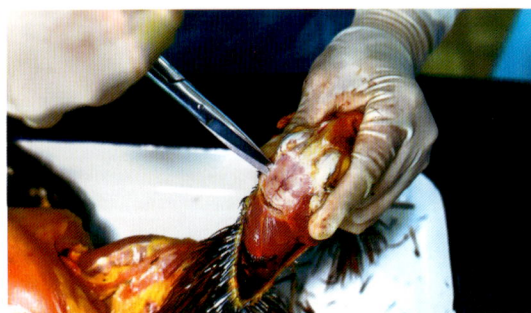
图1-108 剪开颅腔

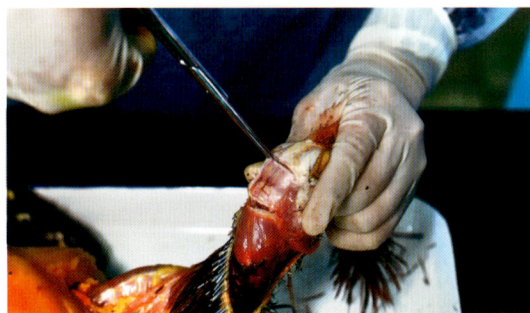
图1-109 剪开颅腔

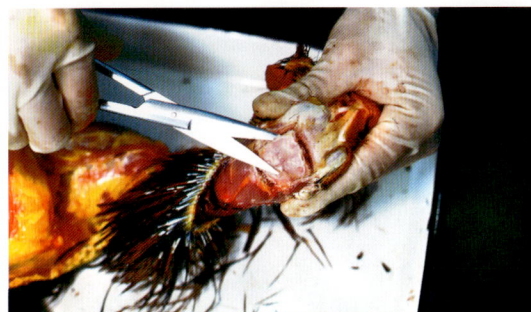
图1-110 剪开颅腔

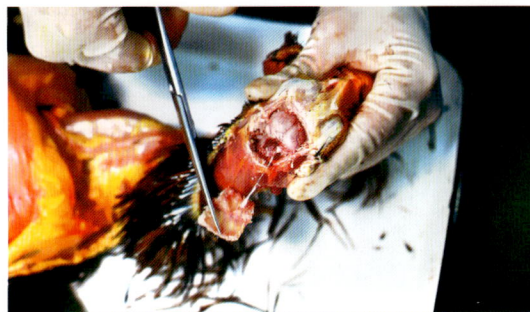
图1-111 暴露脑

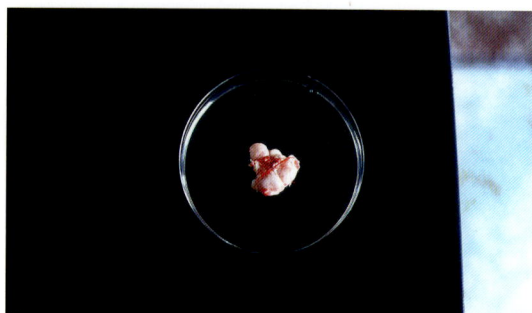

图1-112　取出脑

第十步　检查坐骨神经

分离肌肉，观察两侧坐骨神经的粗细、有无肿大等病理变化（图1-113、图1-114、图1-115、图1-116）。

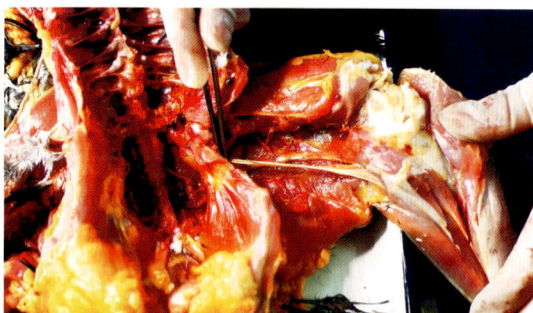

图1-113　分离肌肉，观察两侧坐骨神经

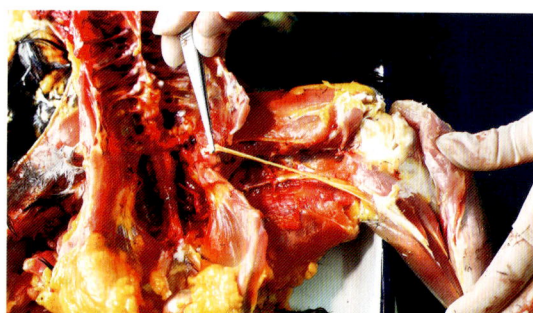

图1-114　分离肌肉，观察两侧坐骨神经

图1-115　分离肌肉，观察两侧坐骨神经

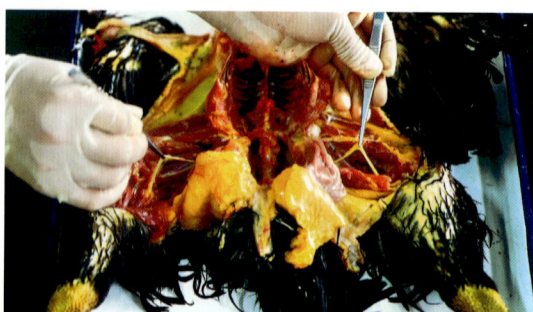

图1-116　分离肌肉，观察两侧坐骨神经

项目 2 羊剖检技术

第一步 体表检查

体表检查主要包括眼结膜（图2-1）、口腔（图2-2）、鼻腔（图2-3）、耳（图2-4）、生殖器官（图2-5）、肛门（图2-6）、关节（图2-7）。

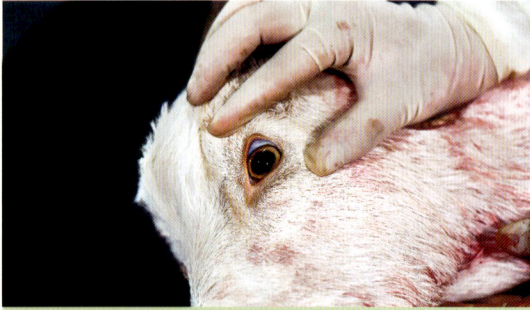
图2-1　检查眼结膜

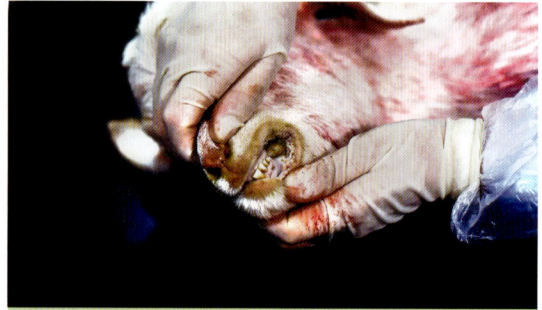
图2-2　检查口腔

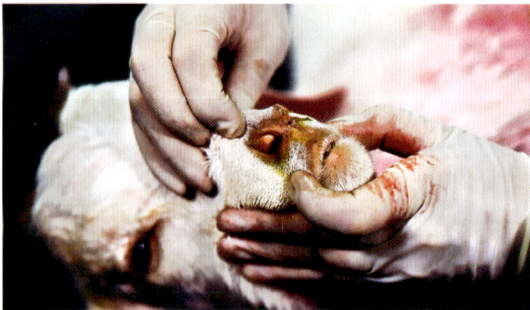
图2-3　检查鼻腔

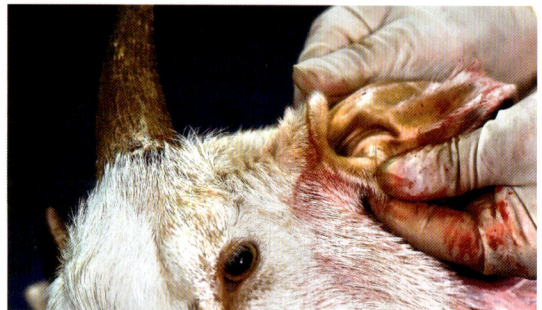
图2-4　检查耳朵

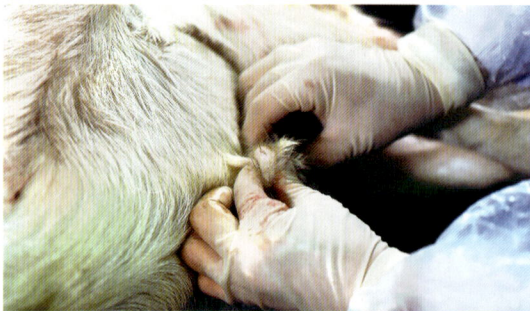
图2-5　检查生殖器官

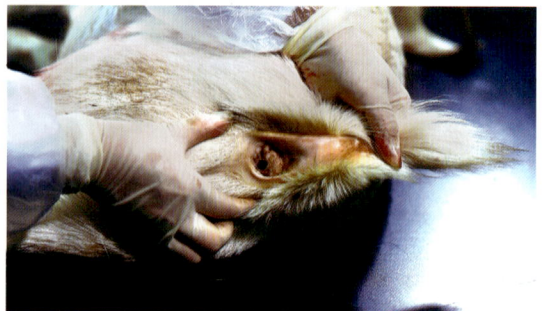
图2-6　检查肛门

图2-7　检查关节

第二步　体表消毒

用消毒液浸湿皮肤（图2-8）。

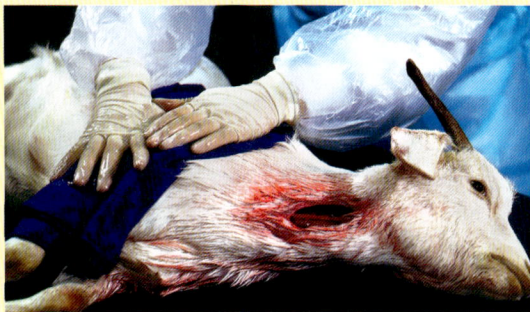

图2-8　消毒液浸湿皮肤

第三步　剥皮与皮下检查

1. 剥皮

剥皮时，由下颌间隙经过颈、胸、腹，绕开外生殖器至肛门做一纵切口（图2-9、图2-10、图2-11、图2-12、图2-13），在四肢系部做一环状切线（图2-14），然后在四肢内侧做与腹中线垂直的切线（图2-15、图2-16），剥离皮肤（图2-17）。

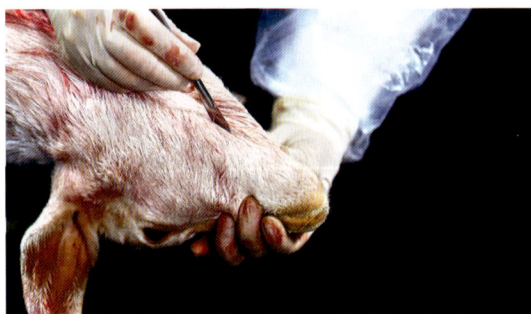

图2-9　切口从下颌间隙开始

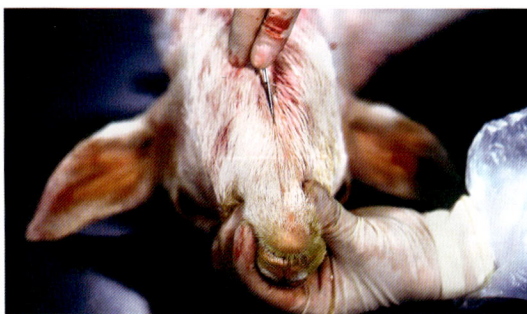

图2-10　切口切向颈部

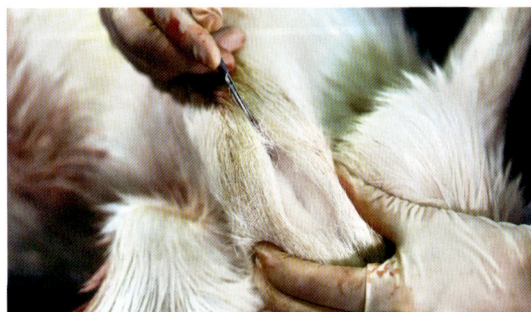

图2-11　切口切向胸部

图2-12　切口切向腹部

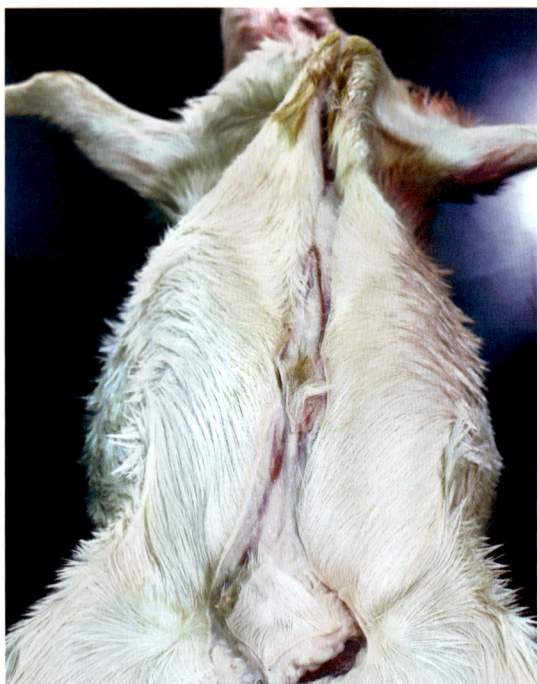

图2-13 剥皮时腹面切口（已环剥生殖器和肛门）

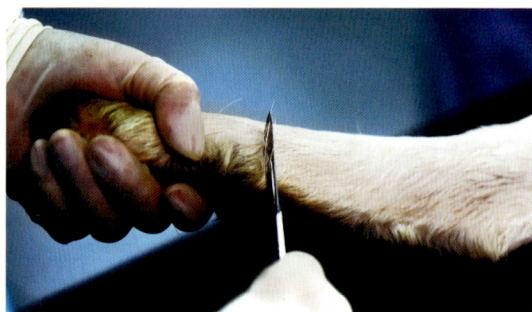

图2-14 系部环状切线

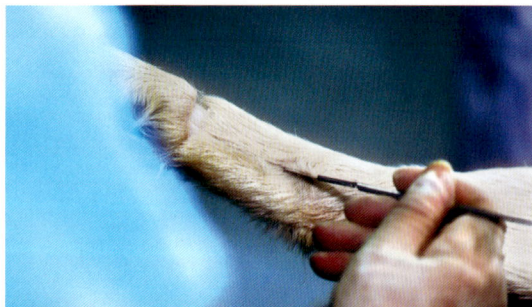

图2-15 沿四肢内侧向腹中线垂直切开

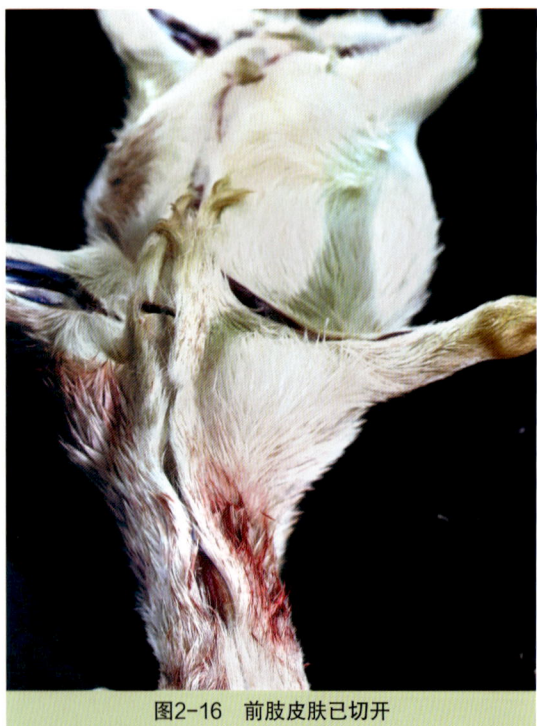

图2-16 前肢皮肤已切开

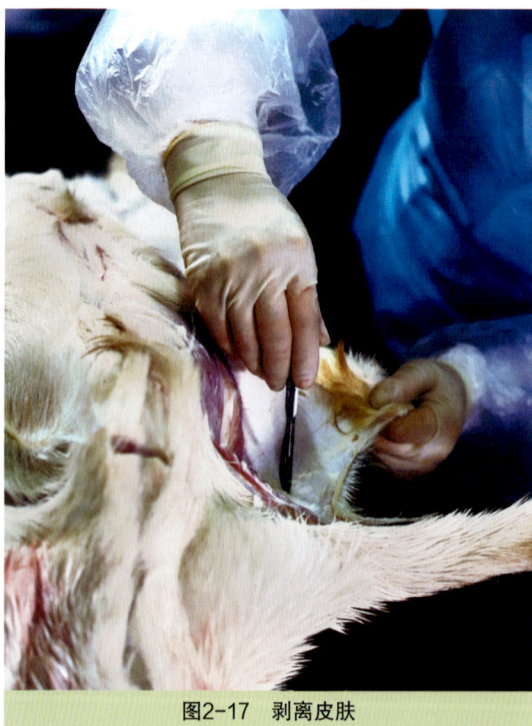

图2-17 剥离皮肤

2. 皮下检查

应注意检查下列组织或器官有无病变或异常：皮下脂肪、骨骼肌、唾液腺、舌、喉、气管、食管、浅层淋巴结（腮腺淋巴结、膝上淋巴结、腹股沟淋巴结等）（图2-18、图2-19、图2-20、图2-21、图2-22、图2-23、图2-24）。

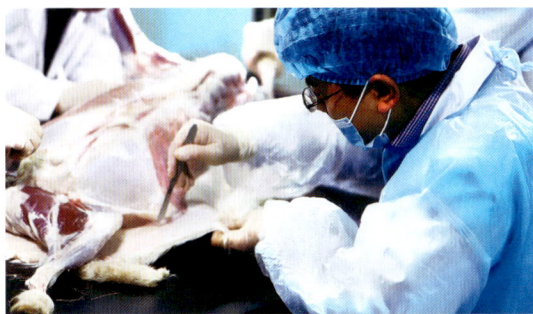
图2-18　剥离皮肤时观察皮下脂肪及肌肉

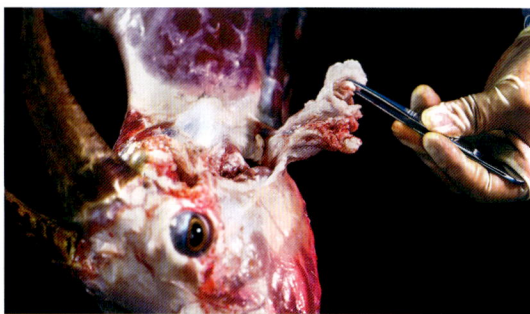
图2-19　观察唾液腺

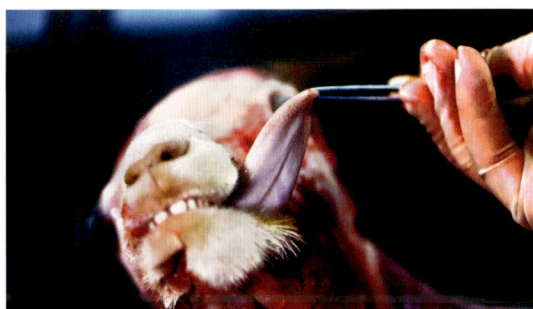
图2-20　观察舌

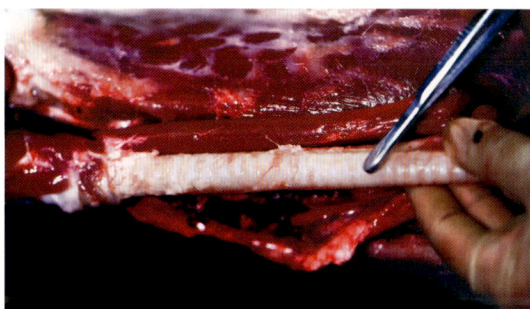
图2-21　观察气管

图2-22　观察食管

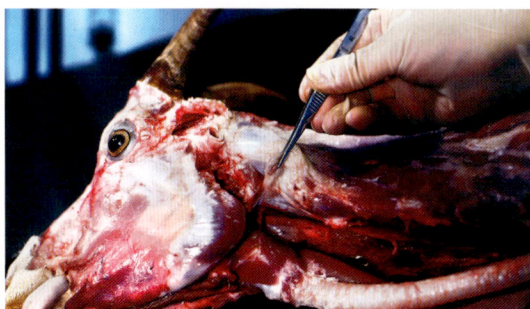
图2-23　观察喉

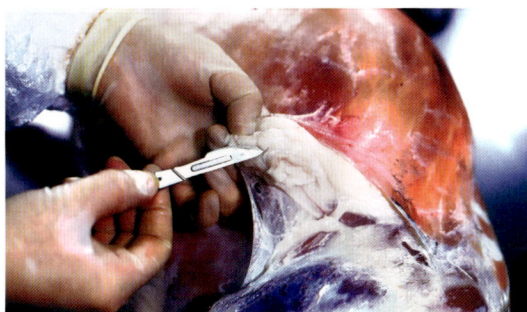
图2-24　观察浅表淋巴结（膝上淋巴结）

第四步　腹腔的剖开与检查

1. 腹腔的剖开与视检

尸体仰卧位固定，自剑状软骨沿腹下正中线由前向后，至耻骨联合处切开腹壁（图2-25、图

2-26）。然后自腹壁纵切口前端分别沿左右肋骨弓至腰椎横突切开（图2-27），并自纵切口后端向左右腰椎横突切开。将左右两三角形的软腹壁拉向背部，暴露腹腔（图2-28）。

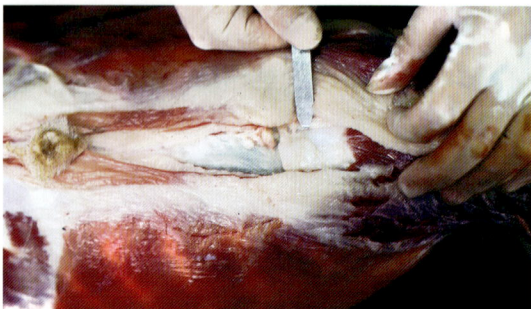

图2-25　切口起于剑状软骨

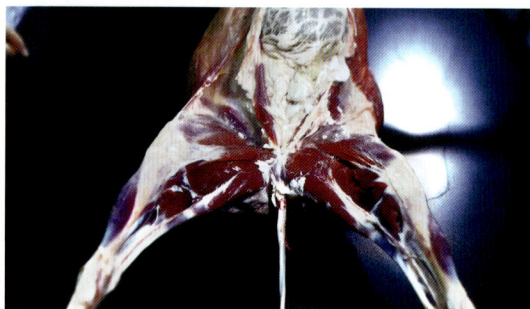

图2-26　切口止于耻骨前缘

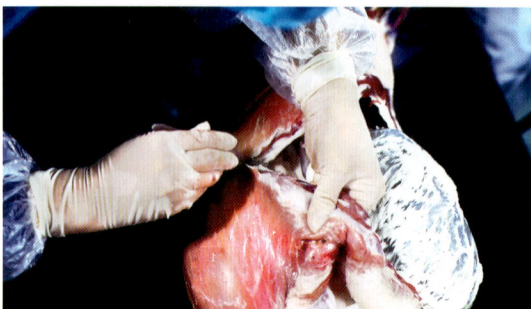

图2-27　分别沿左右肋骨弓至腰椎横突切开腹壁前端

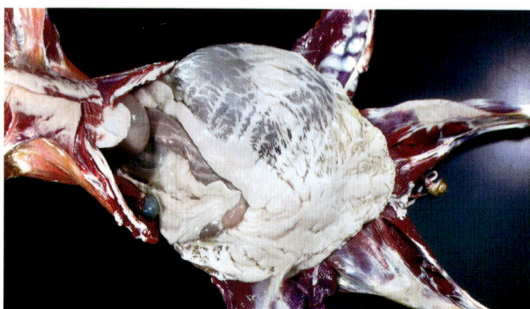

图2-28　暴露腹腔

腹腔剖开时，应立即视检腹腔脏器，注意有无异常变化。取出大网膜后（图2-29），将尸体倒向左侧（图2-30）。

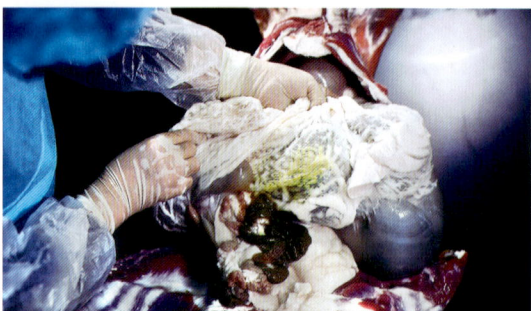

图2-29　取出大网膜

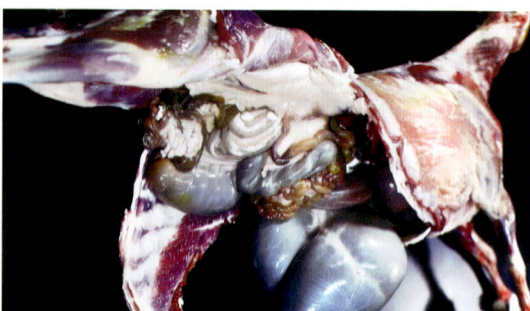

图2-30　将尸体倒向左侧

2. 腹腔器官的取出与检查

（1）小肠的取出

剪断回盲韧带（图2-31），在距回盲口15 cm处双结扎，剪断回肠（图2-32）。由此开始，分离回肠、空肠，至十二指肠空肠曲（左肾下，接近结肠的部位）（图2-33），将肠管双结扎剪断，取出小肠。

（2）大肠的取出

大肠（盲肠与结肠）单结扎，剪断直肠，握住断端，分离周围组织联系，取出大肠。

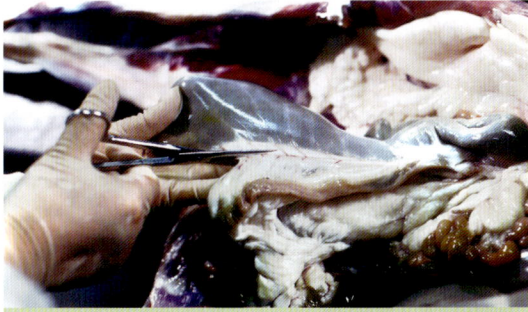

图2-31　剪断回盲韧带

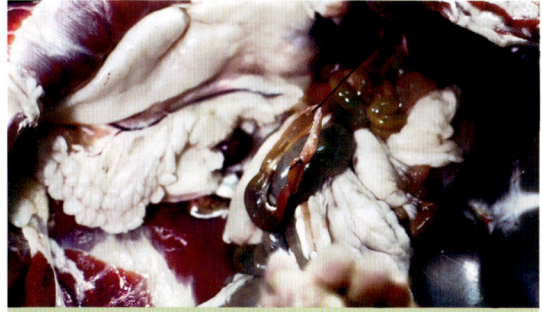

图2-32　双结扎回肠

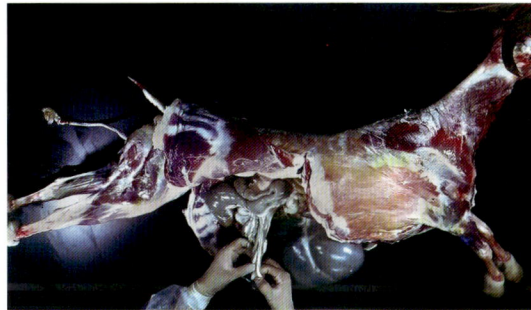

图2-33　分离回肠、空肠，至十二指肠空肠曲

（3）肝的取出

切断肝与周围联系（图2-34），将肝取出。

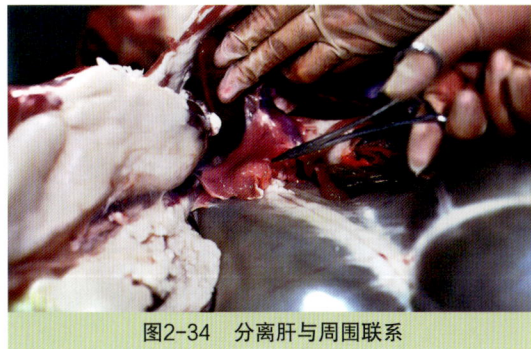

图2-34　分离肝与周围联系

（4）十二指肠和胰腺的取出

在幽门后双结扎，剪断十二指肠，将胰和十二指肠取出。

（5）胃和脾的取出

找出食管（图2-35），结扎剪断（图2-36），分离周围组织，取出脾和胃。

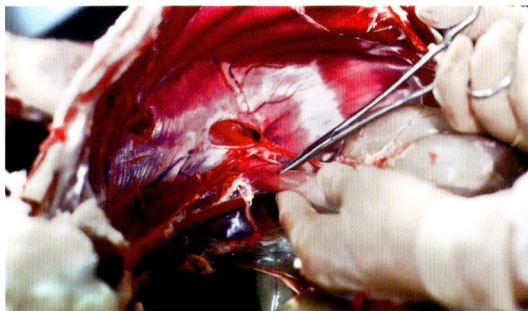

图2-35　找到食管

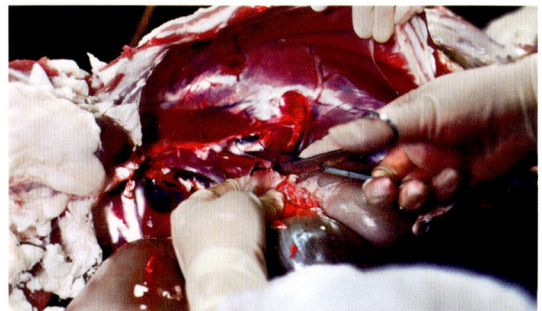

图2-36　结扎剪断

（6）肾和肾上腺的取出

分离肾周围的结缔组织，检查肾动脉、肾静脉、输尿管（图2-37），分别将左右二肾的血管（图2-38）、输尿管剪断，取出肾和肾上腺（图2-39、图2-40）。

图2-37　检查肾动脉、肾静脉、输尿管

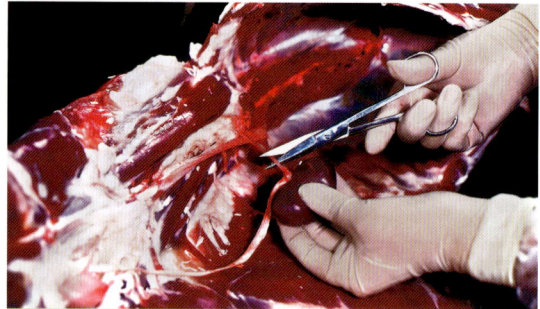

图2-38　剪断肾动脉、肾静脉

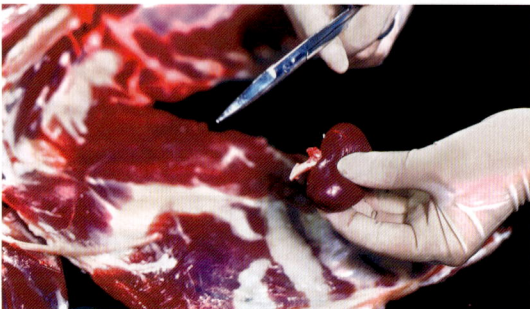

图2-39　取出肾

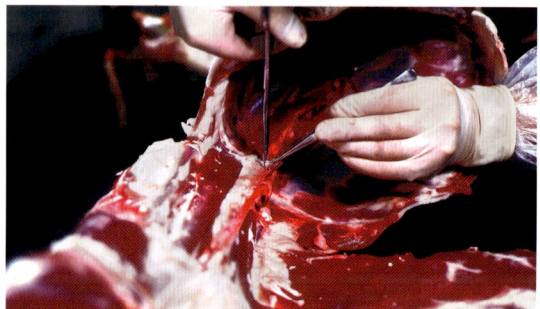

图2-40　取出肾上腺

第五步　骨盆腔器官的检查

采用原位检查的方法，检查膀胱（图2-41）。

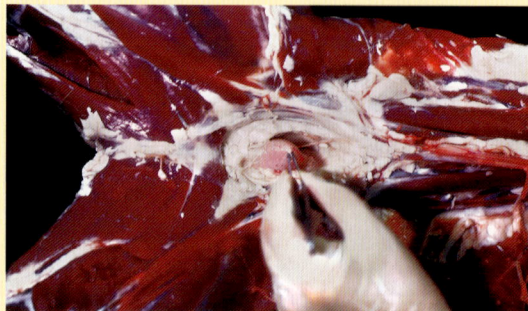

图2-41　检查膀胱

第六步｜胸腔的剖开与检查

1. 剖开胸腔的方法

首先切除胸壁外面的肌肉和其他软组织（图2-42），然后除去右前肢（图2-43）。

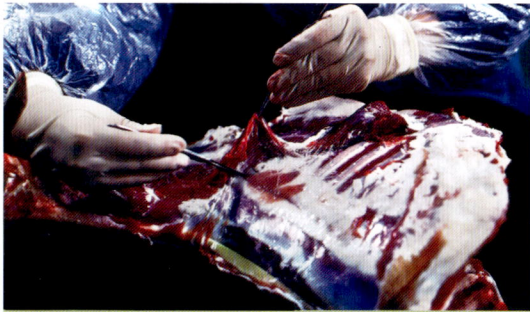

图2-42　切除胸壁外面的肌肉和其他软组织

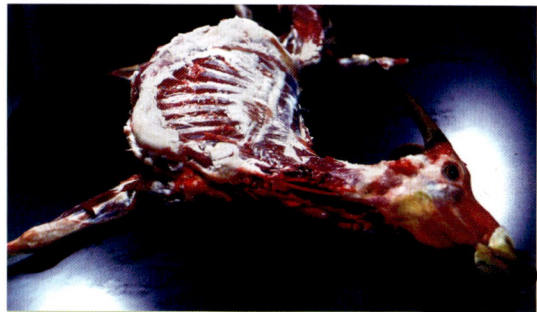

图2-43　除去右前肢

由后向前，依次切开肋间肌（图2-44）和肋软骨，分离肋骨头，将肋骨拉至背部（图2-45），先向前再向后扳压，直至胸腔全部暴露（图2-46）。

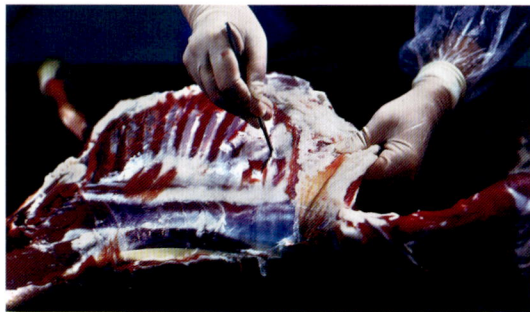

图2-44　切开肋间肌

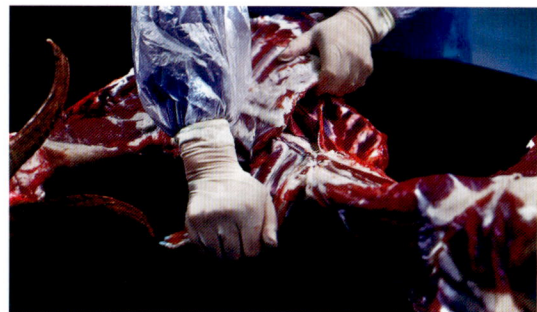

图2-45　分离肋骨头，将肋骨拉至背部

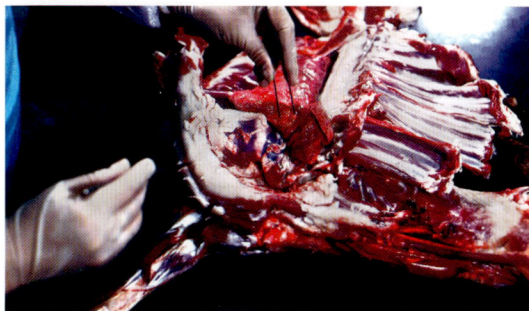

图2-46　暴露胸腔

2. 胸腔器官的取出

切断前腔静脉、后腔静脉、主动脉，纵膈和气管同心、肺的联系后，将心、肺一起取出（图2-47、图2-48、图2-49）。

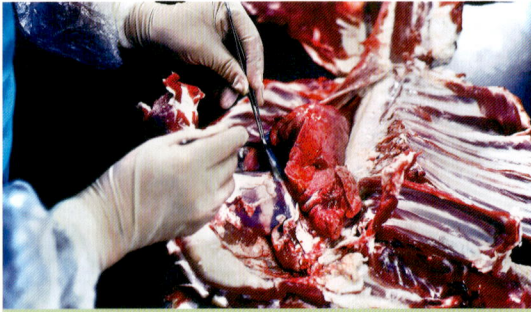

图2-47　切断后腔静脉

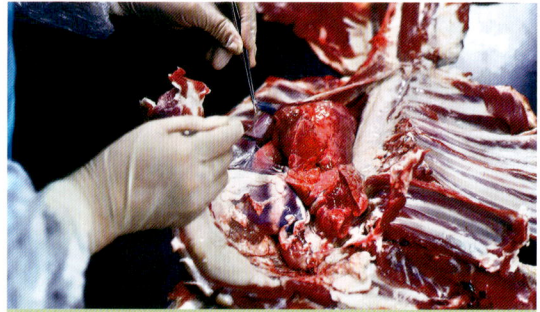

图2-48　切断胸膜

图2-49　取出心、肺

第七步　颅腔的剖开与脑的取出

羊三条锯线的确定如下：

第一锯线：两眼眶上缘中点之连线（图2-50）。

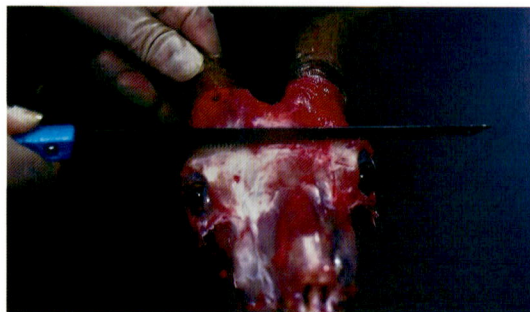

图2-50　第一锯线

第二锯线：从外耳道开始，经角根与眼眶中点，向前上方伸延与第一锯线相交（图2-51）。

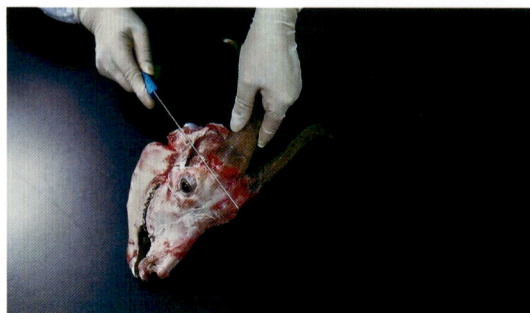

图2-51　第二锯线

第三锯线：从枕骨大孔上外侧缘开始，斜向前外方，直达颞窝，与第二锯线相交（图2-52）。

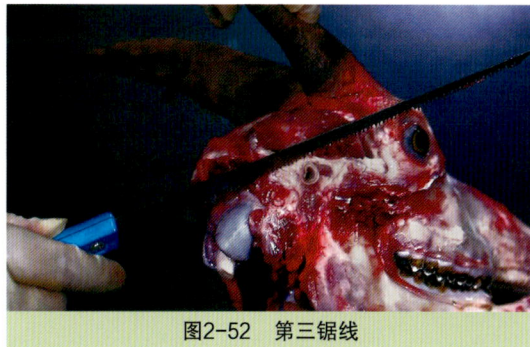

图2-52　第三锯线

暴露颅腔，取出脑（图2-53）。

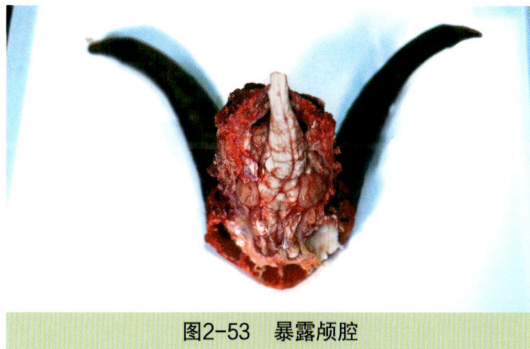

图2-53　暴露颅腔

第八步　鼻腔、副鼻窦的剖开

距头骨正中线0.5 cm处（向左或向右）纵形锯开，切下鼻中隔（图2-54）。

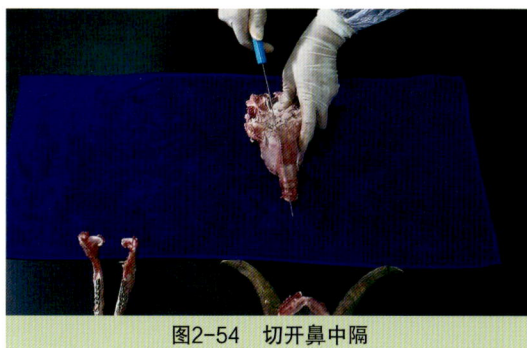

图2-54　切开鼻中隔

第九步 | 骨的检查

将骨斜形锯开，观察骨髓及骨松质有无病理变化（图2-55）。

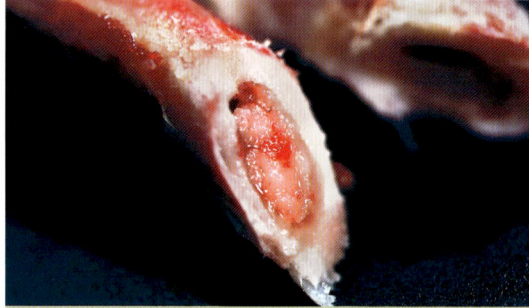

图2-55　骨斜形锯开

项目3 猪剖检技术

第一步　体表检查

首先对猪的眼结膜（图3-1）、鼻腔（图3-2）、口腔（图3-3）、耳孔（图3-4）等进行检查，其次进行尸僵的检查，活动一下各关节（图3-5）。下面进行皮肤的检查，观察皮肤有无充血、出血、坏死等病变（图3-6），然后对肛门及周围（图3-7）情况进行检查，并检查生殖器官（图3-8）。

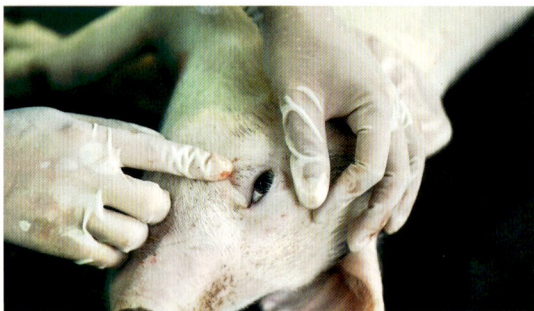

图3-1　检查眼结膜

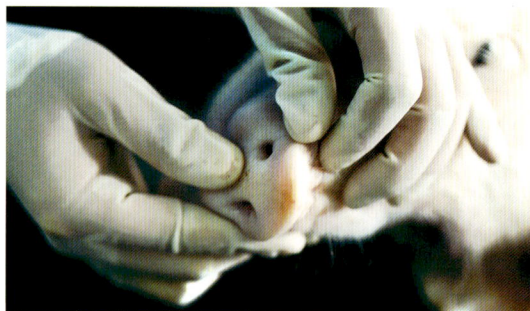

图3-2　检查鼻腔

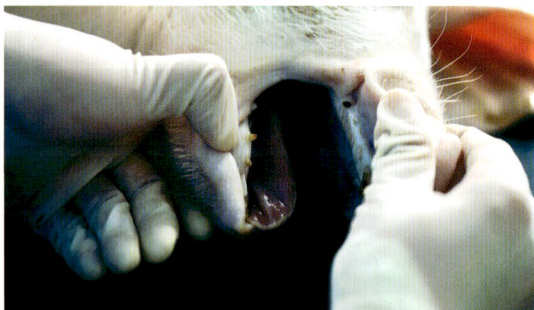

图3-3　检查口腔

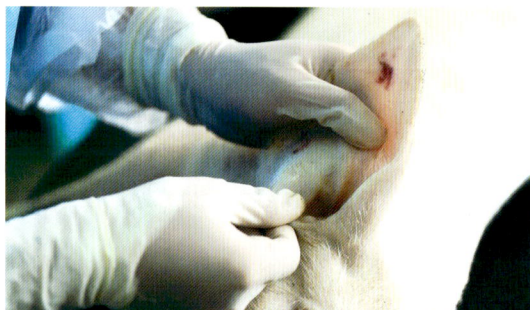

图3-4　检查耳孔

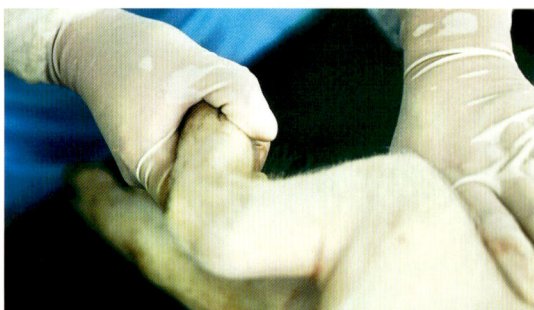

图3-5　活动关节

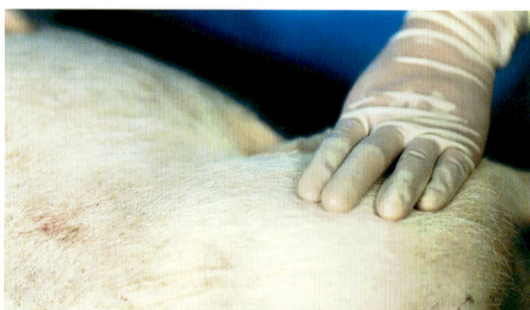

图3-6　检查皮肤有无出血点、坏死

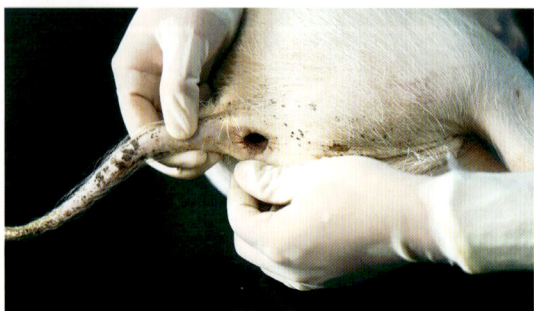

图3-7　检查肛门

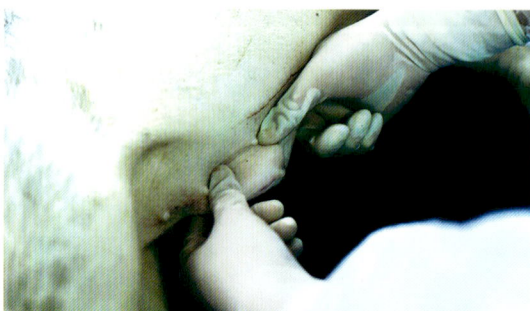

图3-8　检查阴茎

第二步　体表消毒

用消毒液将皮肤浸湿（图3-9）。

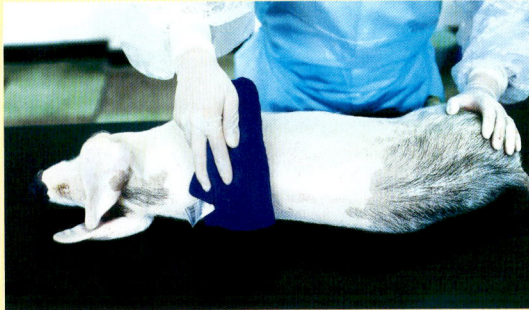

图3-9　消毒皮肤

第三步　固定与剥皮

猪的尸体剖检采取背卧位，先用刀剖左肢、右肢，背位朝下，把四肢与躯干的连接切开（图3-10、图3-11、图3-12、图3-13），其目的是使猪能稳定地背部朝下，便于胸腹腔的剖开。

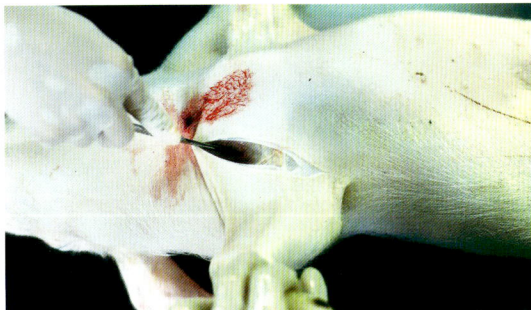

图3-10　前肢连接剥皮

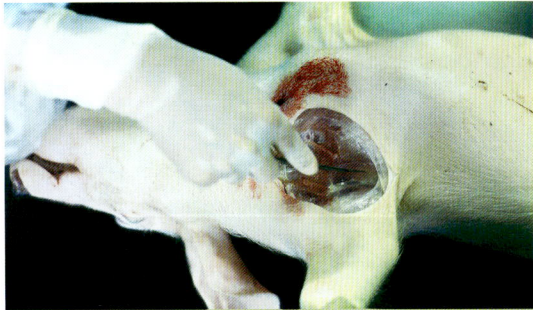

图3-11　切开前肢连接

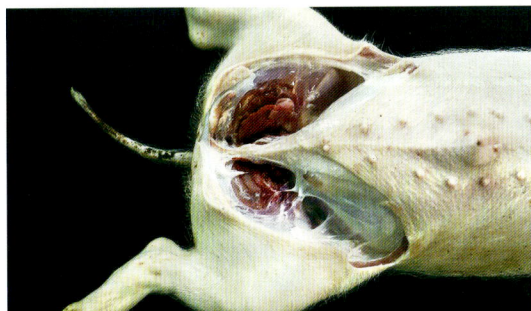

图3-12　切开后肢连接

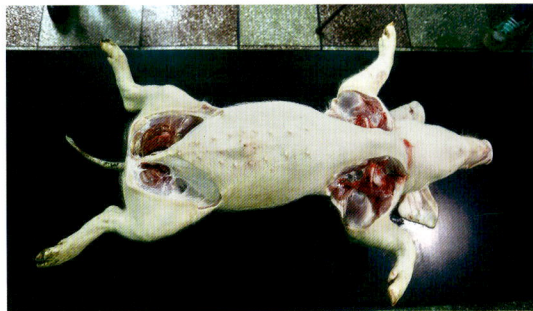

图3-13　切开四肢连接

对非传染性病猪，一般进行剥皮。剥皮时，从下颌正中线开始切开皮肤，经颈、胸部、沿腹壁白线向后至脐部时（图3-14、图3-15），向左右分为两线，绕开乳房和生殖器官、肛门，最后汇合于尾跟部（图3-16、图3-17）。四肢的剖皮，可从系部做一个环状的切线，然后在四肢内侧做与腹中线垂直的切线（图3-18）。细心剖皮，在剖皮的过程中要观察皮下病理变化。注意检查皮下淋巴结的变化（图3-19、图3-20）。剖皮过程如图（图3-21、图3-22）。

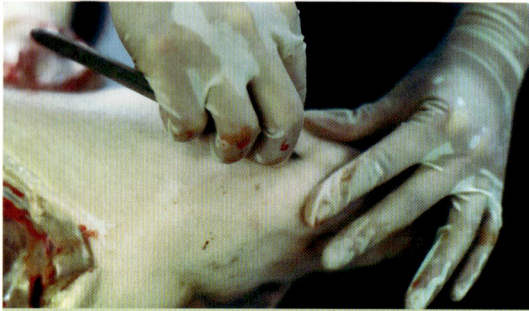
图3-14　切开下颌正中线

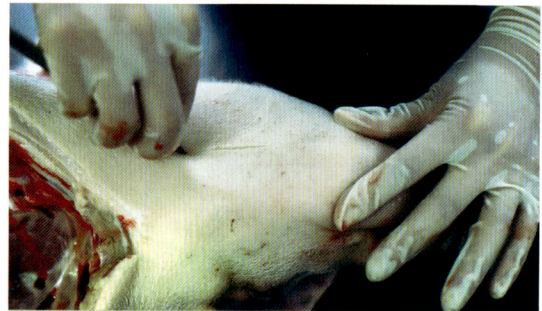
图3-15　沿下颌正中线切开皮肤

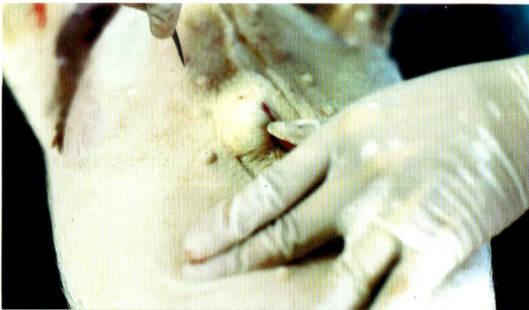
图3-16　切开腹部皮肤（避开乳房和生殖器）

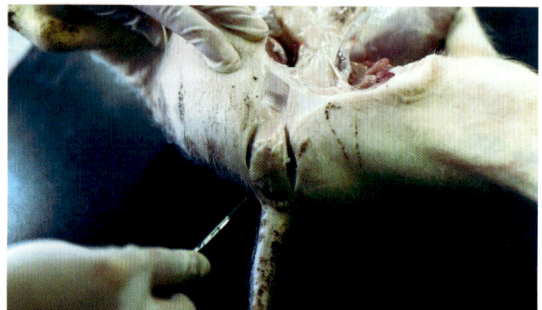
图3-17　切开腹部皮肤（汇合于尾跟部）

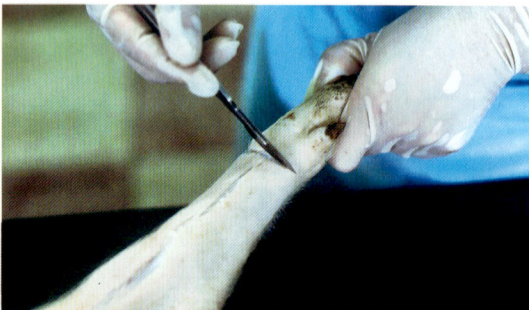
图3-18　切开四肢皮肤（环形切口）

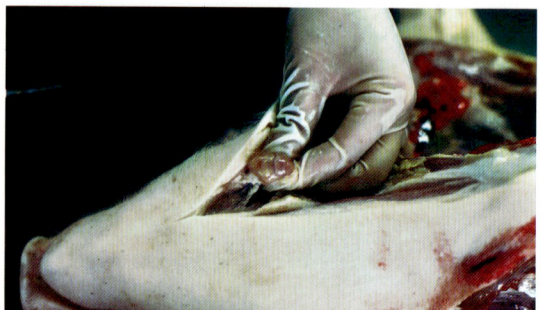
图3-19　检查下颌淋巴结

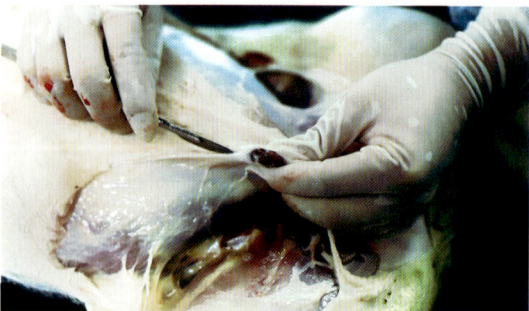
图3-20　检查腹股沟淋巴结

图3-21　剖开皮肤

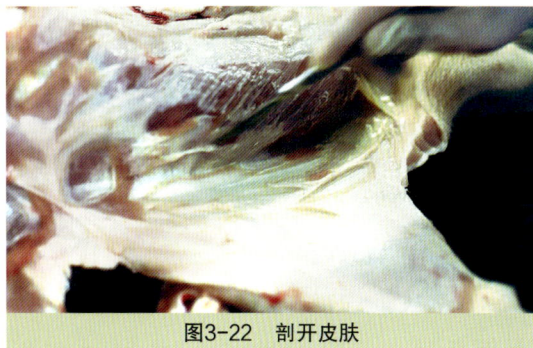

图3-22　剖开皮肤

第四步｜剖开腹腔

　　从剑状软骨后方，沿腹白线，由前向后直至耻骨联合处做一切线（图3-23、图3-24）。然后从剑状软骨后方，沿左右两个肋骨后缘至腰椎横突做第二、第三切线（图3-25、图3-26、图3-27），使腹壁切成两个大小相等的斜形，将尸体侧向两侧扳开即可露出腹腔（图3-28）。

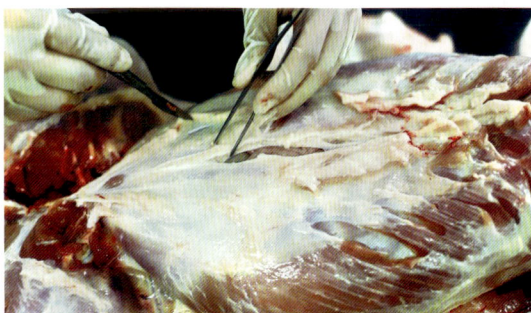

图3-23　从剑状软骨后沿腹白线打开切口

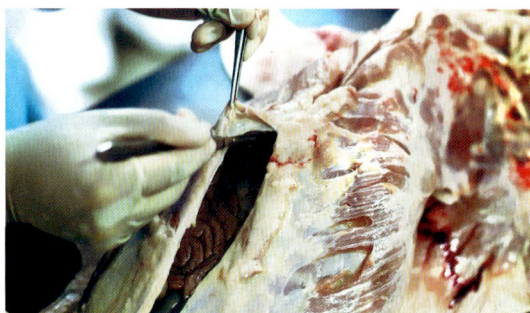

图3-24　从腹白线至耻骨联合处做切线

图3-25　沿两侧肋骨做切线

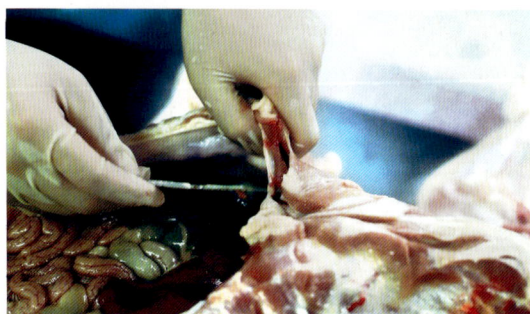

图3-26　沿两侧肋骨至腰椎横突切开

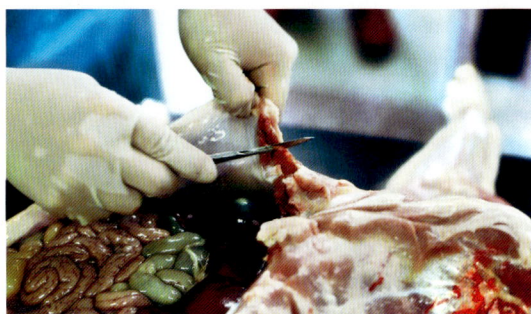

图3-27　切开腰椎横突

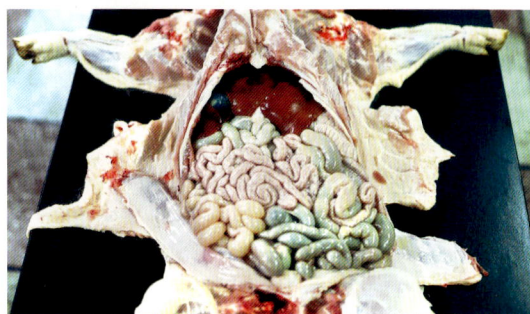

图3-28　暴露腹腔

在左季肋部可见脾脏，提取脾脏（图3-29、图3-30），剪去脾脏与其他连接后，取出脾脏（图3-31）。

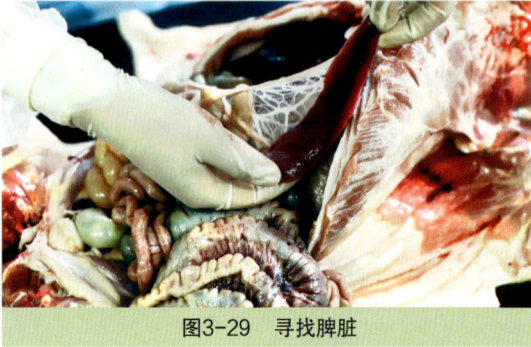
图3-29　寻找脾脏

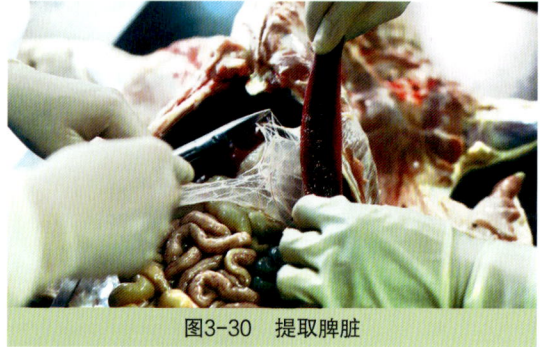
图3-30　提取脾脏

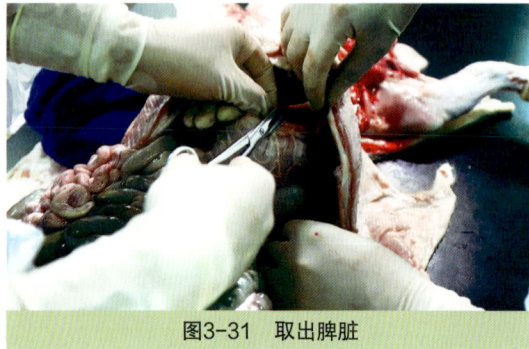
图3-31　取出脾脏

找出盲肠，剪断回盲韧带与回肠（图3-32），在约离回肠15 cm处，将回肠双重结扎（图3-33、图3-34、图3-35），并切断（图3-36）。

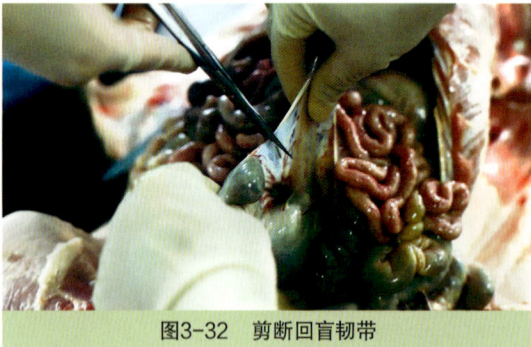
图3-32　剪断回盲韧带

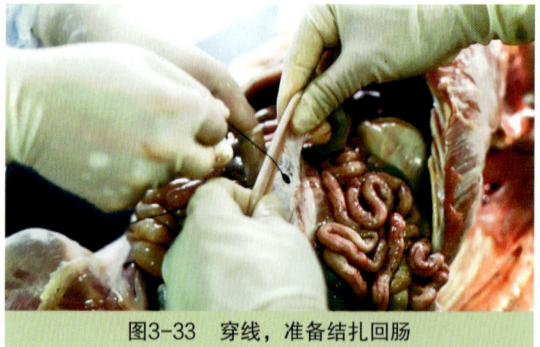
图3-33　穿线，准备结扎回肠

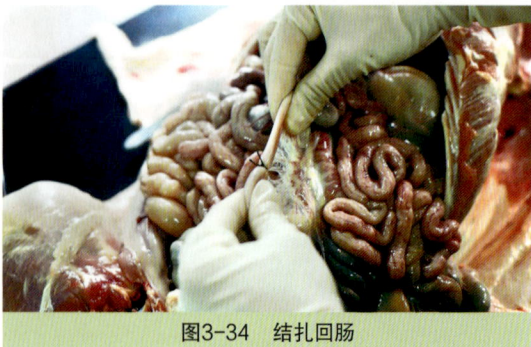
图3-34　结扎回肠

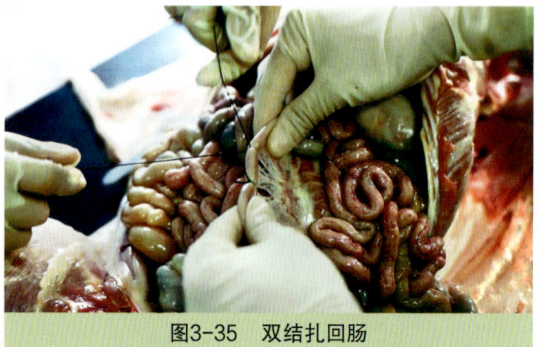
图3-35　双结扎回肠

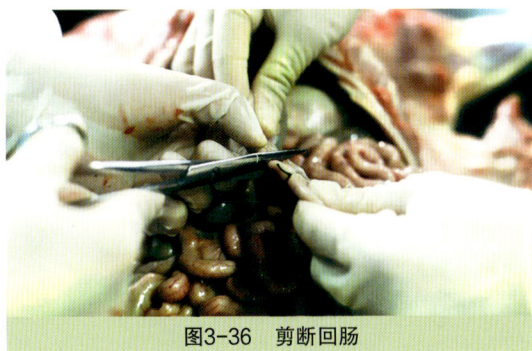

图3-36　剪断回肠

　　用刀切离空肠、回肠上附着的肠系膜（图3-37、图3-38、图3-39），分离肠道，直至十二指肠、空肠区。最后在空肠起始处做双重结扎并剪断（图3-40、图3-41、图3-42），即可取出空肠、回肠。

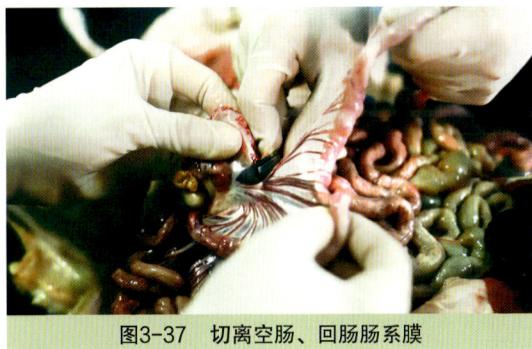

图3-37　切离空肠、回肠肠系膜

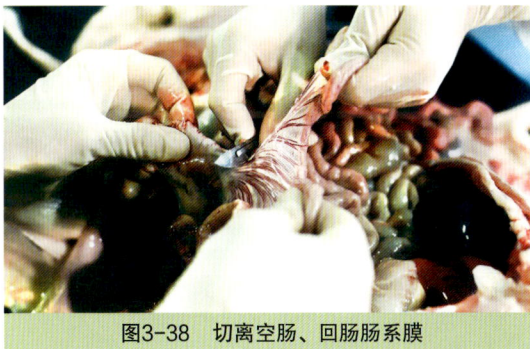

图3-38　切离空肠、回肠肠系膜

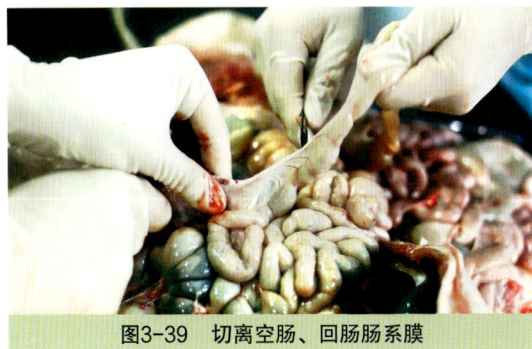

图3-39　切离空肠、回肠肠系膜

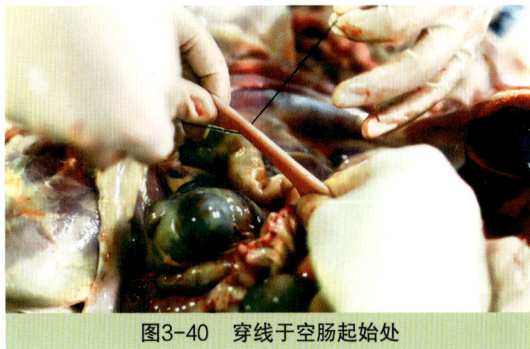

图3-40　穿线于空肠起始处

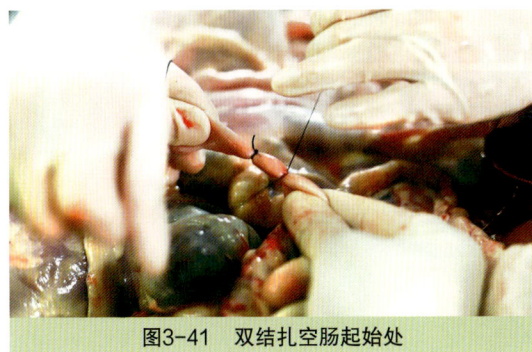

图3-41　双结扎空肠起始处

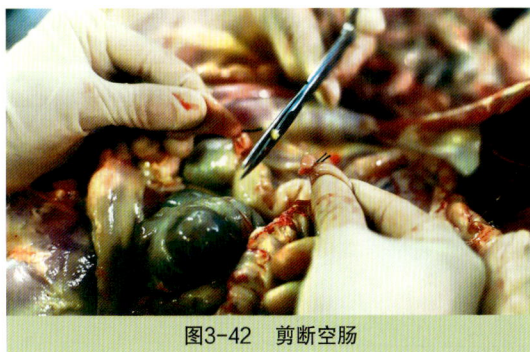

图3-42　剪断空肠

　　在骨盆腔内找到直肠，将其中的粪便挤向前方做单结扎，并在结扎处后方剪断直肠（图3-43、图3-44、图3-45），提起直肠，沿背侧切断直肠肠系膜，最后切断前肠肠系膜根部以及结肠与背部之间的联系（图3-46），即可取出大肠。

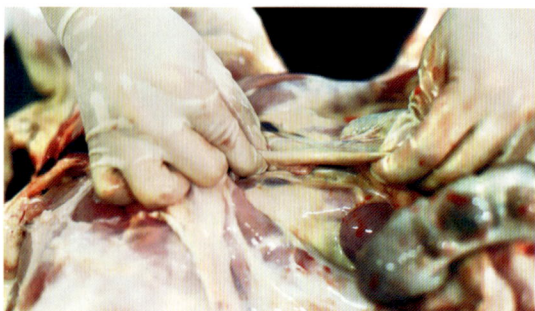

图3-43　寻找直肠并向前挤压粪便

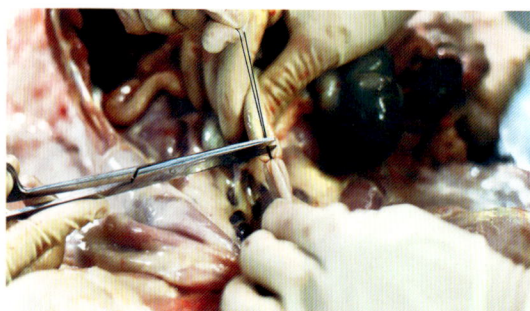

图3-44　单结扎直肠

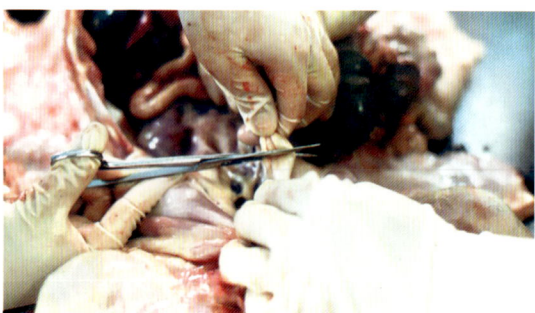

图3-45　剪断直肠（结扎后方）

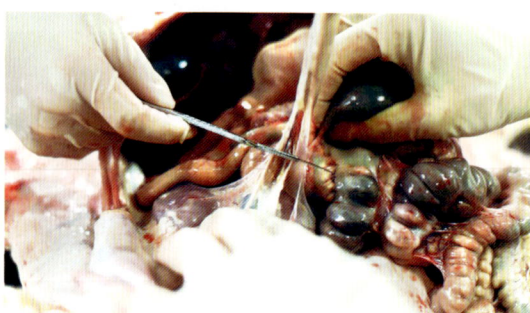

图3-46　切断肠系膜联系

　　找出食管，先将食管表面的肌肉环切，以防脱扣，然后进行单结扎，在结扎前端剪断食道（图3-47、图3-48、图3-49），即可摘除胃。

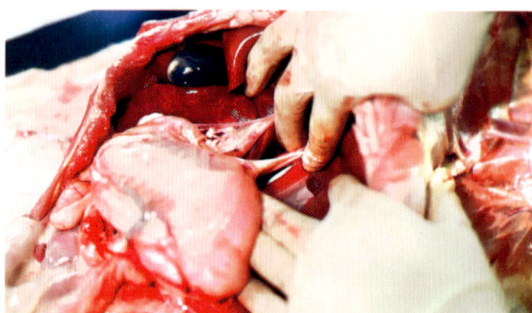

图3-47　寻找食道

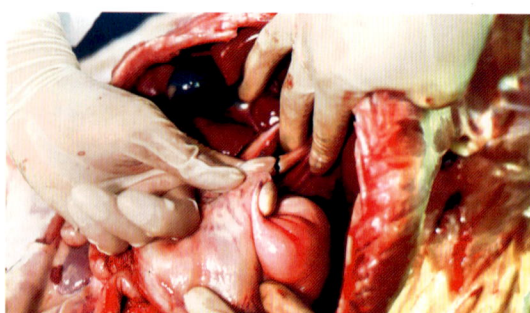

图3-48　结扎食道

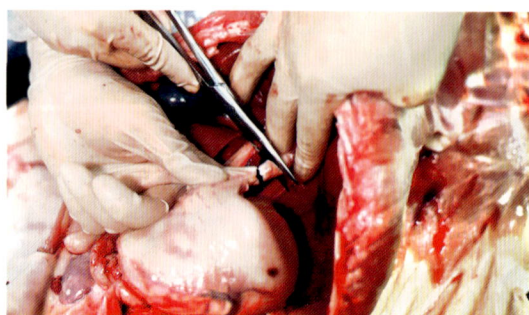

图3-49　剪断食道

　　把肾周围组织剥离一下，切除肾动脉及输尿管，取出肾脏（图3-50、图3-51、图3-52）。

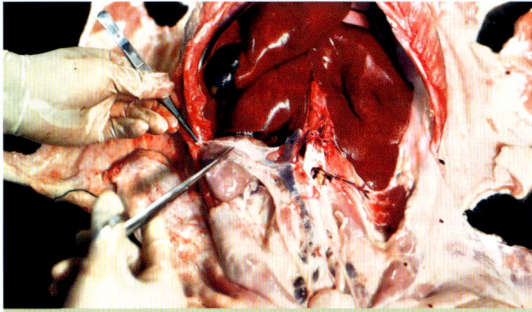

图3-50　剥离肾周围组织

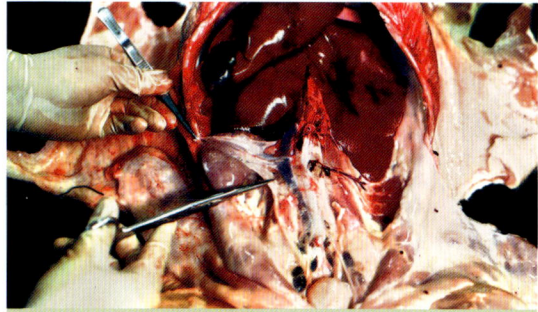

图3-51　剥离肾周围组织

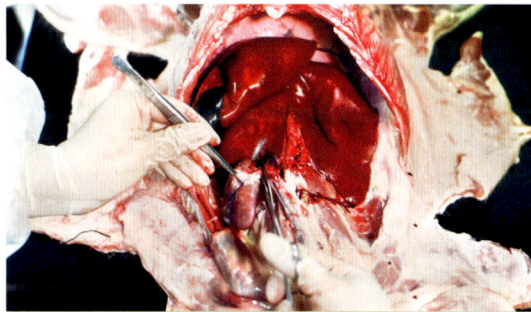

图3-52　剪断肾动脉、输尿管

把肝与周围组织分离一下，剪断肝膈韧带，将肝脏取出（图3-53、图3-54、图3-55）。

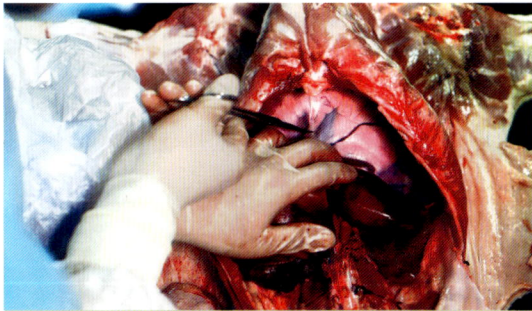

图3-53　分离肝脏周围组织

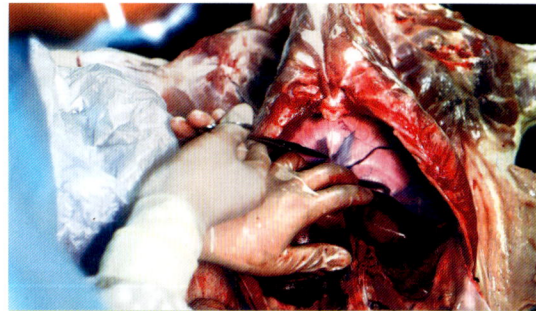

图3-54　剪断肝膈韧带

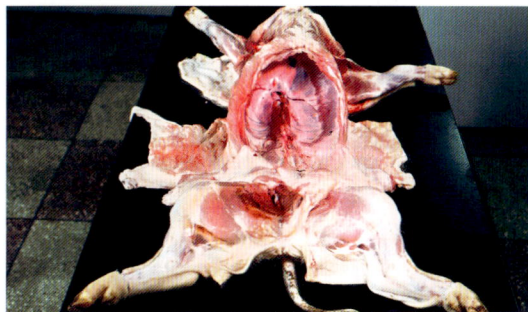

图3-55　取出肝脏，暴露腹腔

第五步 | 胸腔剖开

用刀剥离胸壁上的肌肉（图3-56、图3-57），切断两侧肋骨与肋软骨结合部（图3-58），再切断肋骨与膈、心包的联系，即可除去胸骨（图3-59），暴露胸腔（图3-60）。分离气管与周围组织的联系（图3-61），将气管、肺脏和心脏一同摘除（图3-62）。

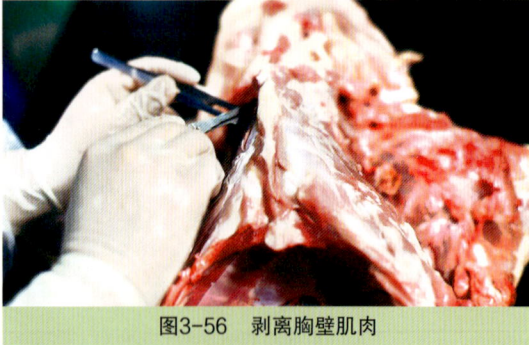
图3-56　剥离胸壁肌肉

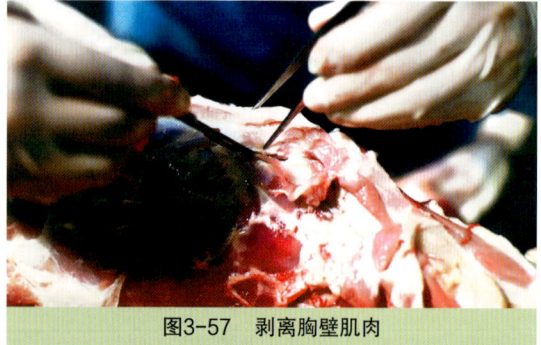
图3-57　剥离胸壁肌肉

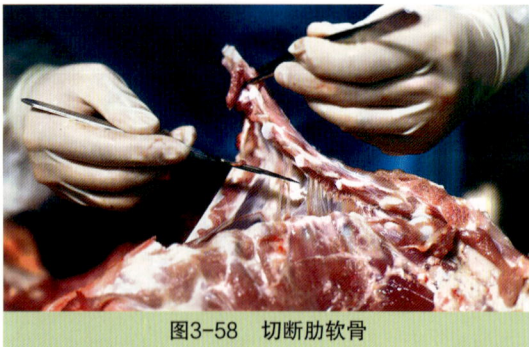
图3-58　切断肋软骨

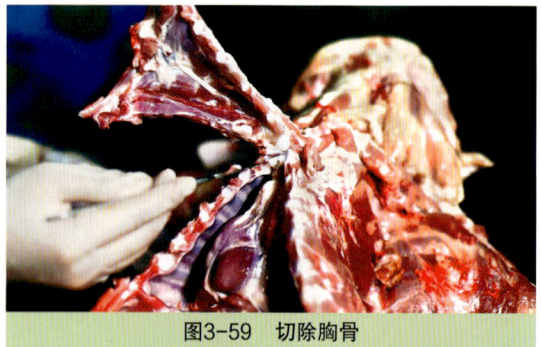
图3-59　切除胸骨

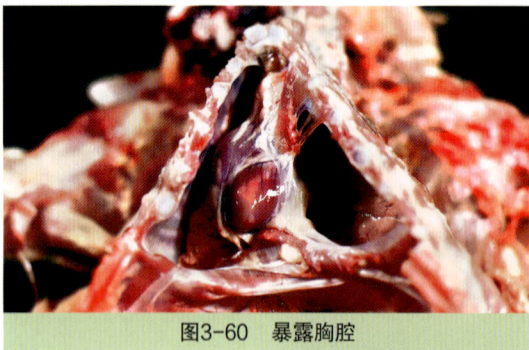
图3-60　暴露胸腔

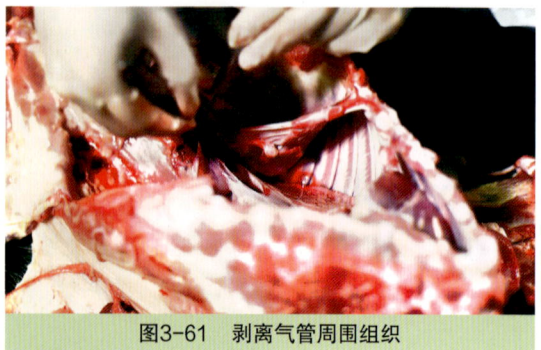
图3-61　剥离气管周围组织

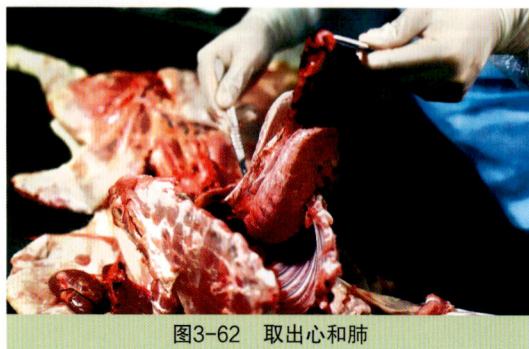
图3-62　取出心和肺

✂ 第六步 | 颅腔的剖开

检查脑组织不必取下头部，可利用头与躯体的联结来做固定，便于用锯开颅。

检查前先在寰枕关节处切开皮肤（图3-63、图3-64、图3-65），然后沿嘴角处向寰枕关节方向纵向切开皮肤（图3-66），将皮肤向鼻部方向剥离（图3-67、图3-68），使颅骨和鼻骨完全暴露（图3-69）。此时头骨仍然通过鼻吻部的皮肤组织与身体相连，便于实施开颅（图3-70）。

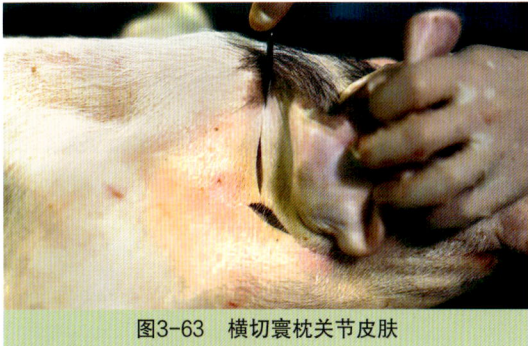
图3-63 横切寰枕关节皮肤

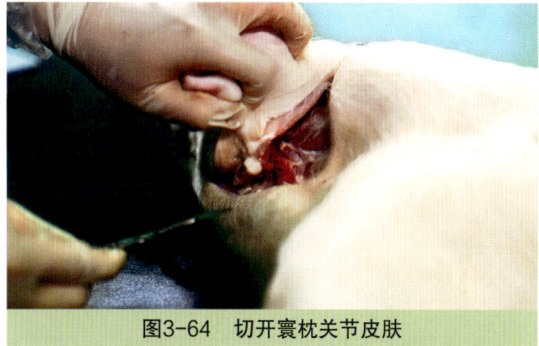
图3-64 切开寰枕关节皮肤

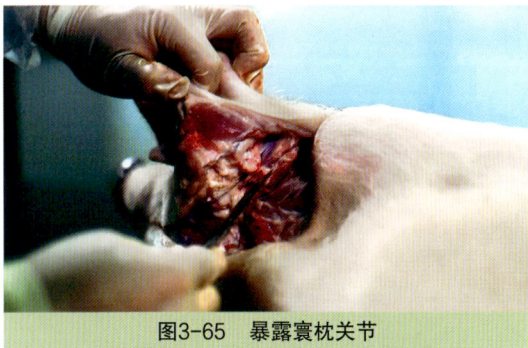
图3-65 暴露寰枕关节

图3-66 沿鼻腔纵切皮肤

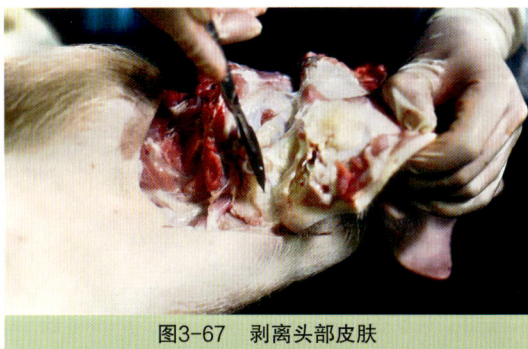
图3-67 剥离头部皮肤

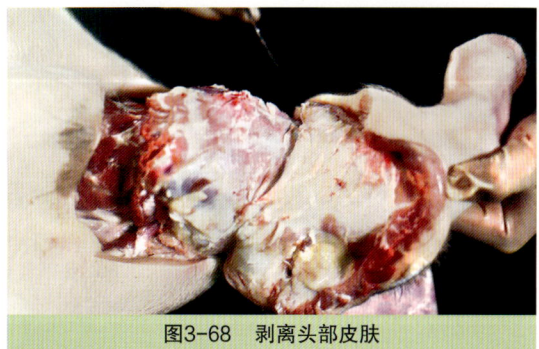
图3-68 剥离头部皮肤

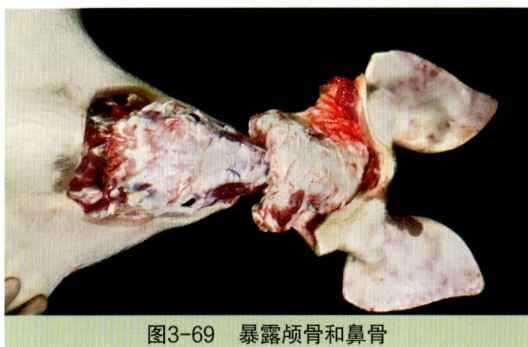
图3-69 暴露颅骨和鼻骨

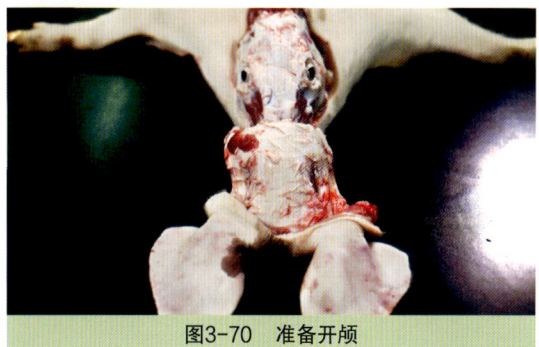
图3-70 准备开颅

先在两侧眼眶上突的后缘处做一横锯线（图3-71），从此锯线左右两端经额骨、顶骨侧面至枕嵴外缘做两条平行的锯线（图3-72、图3-73），再从枕骨大孔左右两侧做一"V"形锯线与两条纵线相连（图3-74、图3-75），即可揭开颅顶（图3-76），观察到脑组织（图3-77）。

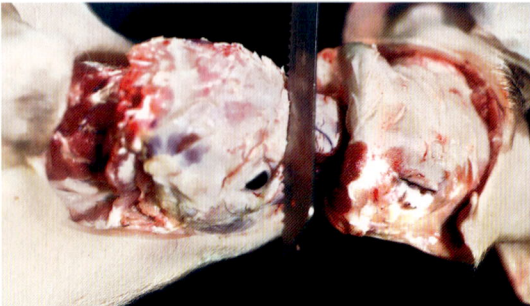
图3-71　横锯眼眶上突后缘

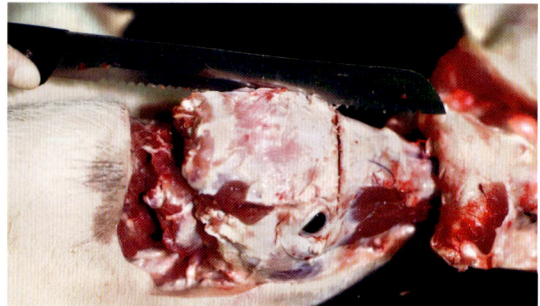
图3-72　沿左侧做平行纵锯线

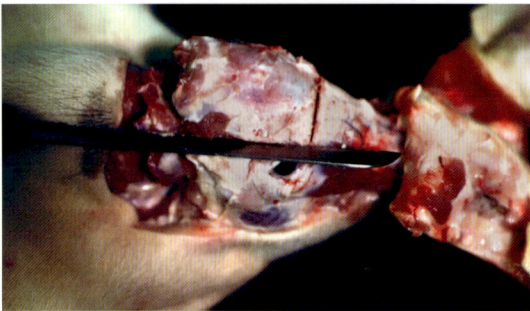
图3-73　沿右侧做平行纵锯线

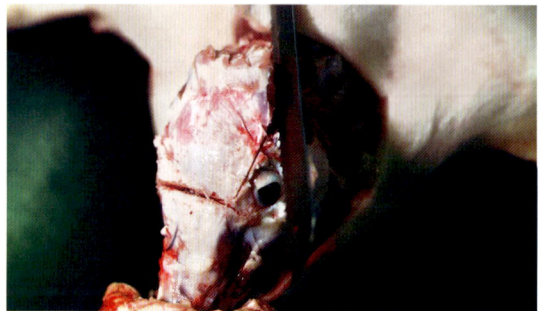
图3-74　沿左侧做"V"形锯线

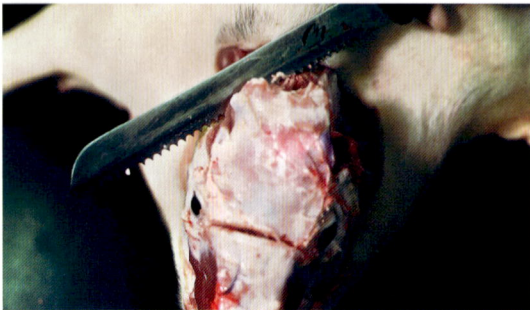
图3-75　沿右侧做"V"形锯线

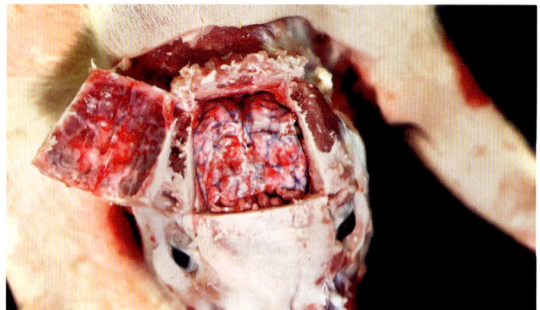
图3-76　揭开颅顶

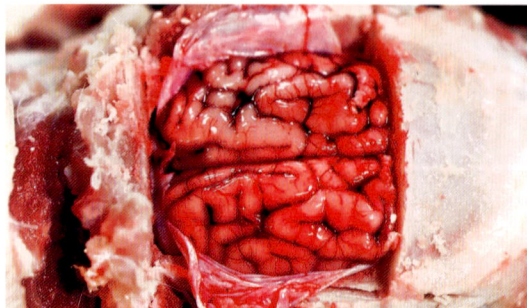
图3-77　观察脑组织

最后，在2～3臼齿之间做一横切，也可纵向锯开，便可观察到鼻腔（图3-78）。

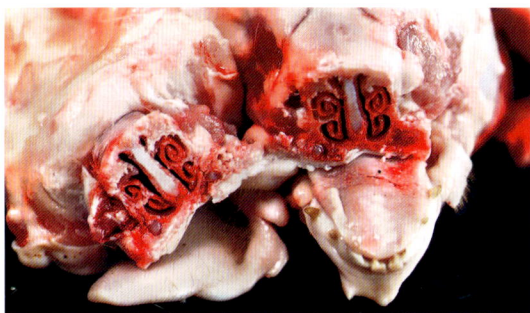

图3-78 沿2~3臼齿横切，观察鼻腔

在下颌支内侧，切断两侧舌骨，连舌一同摘除。

项目4 家兔剖检技术

兔的尸检，除非必要，一般可不剥皮，对于实验的或要急宰的兔，如需进行剖检，可以耳静脉注射空气致死。

兔的盲肠占据了腹腔大部分的空间，成年兔的右腹部几乎被盲肠充满。胃与肝紧贴，呈"U"形的十二指肠位于腹腔背部，十二指肠后段逐渐延续为空腔，其系膜较长。回肠与盲肠之间以回韧带连接。回肠进入盲肠处膨大，称圆小囊，囊壁有丰富的淋巴组织。

盲肠特别发达，大而长，呈螺旋形柱状体，内壁有狭窄的螺旋瓣，具有消化作用。盲肠前端很粗，向后逐渐变细，最后为盲端，尖细而其壁较厚，称蚓突。盲肠依次分为右下部（由前向后）→前曲→右上部（由前向后）→后曲→左部（由左后向右前斜行）→蚓突（由右季肋部伸向胃的后上方）。结肠前端呈袋状，在这里形成粪球；后端肠壁光滑平直，和小肠相似。结肠最后进入直肠。腹壁切开后，浅层内脏的位置：前部——肝、胃，右侧——盲肠和结肠一部分，左侧——小肠和盲肠左部，后部——膀胱和子宫角（母兔）。

剖检前应了解兔的性别、年龄、品种、毛色、发病时间、治疗方法、死亡时间和死亡头数等。

第一步　体表检查

外部主要检查可视黏膜（图4-1）、外耳（图4-2、图4-3）、鼻孔（图4-4）、皮肤（图4-5）与肛门（图4-6）等部位的变化。

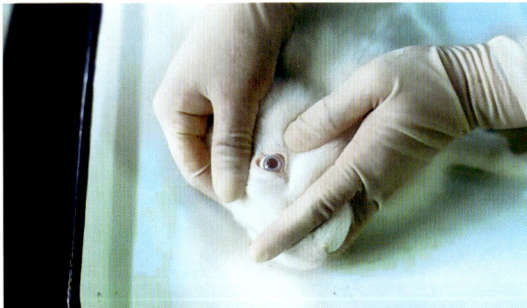

图4-1　检查可视黏膜

图4-2　检查外耳

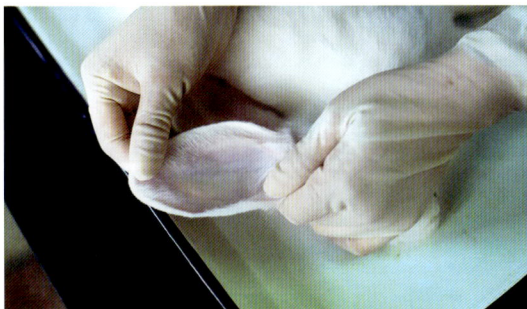

图4-3　检查外耳

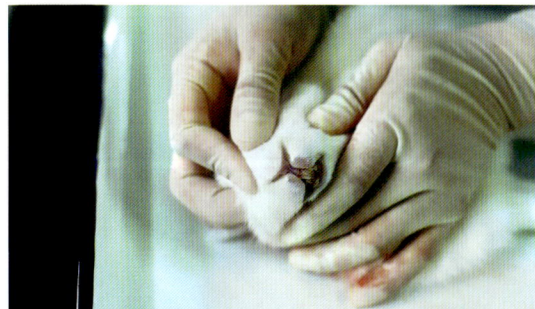

图4-4　检查鼻孔

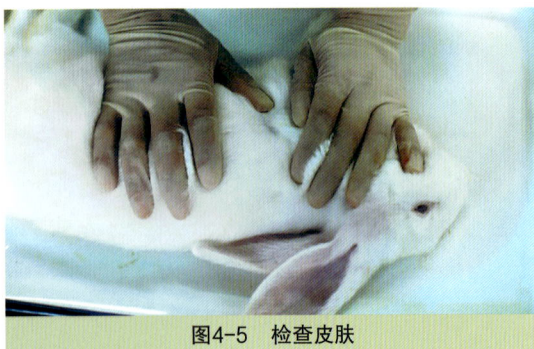

图4-5　检查皮肤

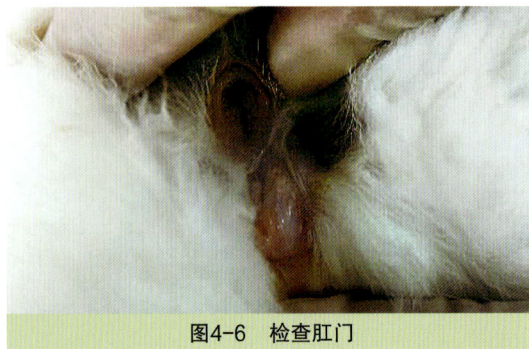

图4-6　检查肛门

第二步　体表消毒

用消毒液浸湿皮肤（图4-7、图4-8）。

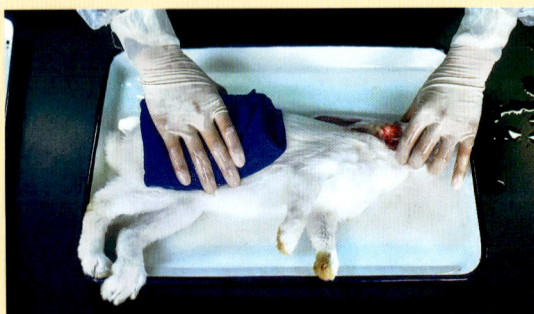

图4-7　用消毒液浸湿皮肤

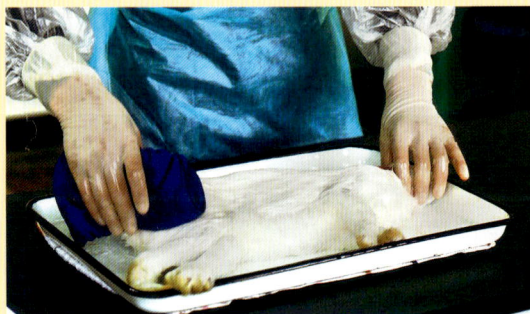

图4-8　用消毒液浸湿皮肤

第三步　正式剖检

1. 固定与剥皮

切割四肢内侧组织，将其压倒在两侧，使躯体稳定（图4-9、图4-10、图4-11、图4-12、图4-13、图4-14、图4-15）。

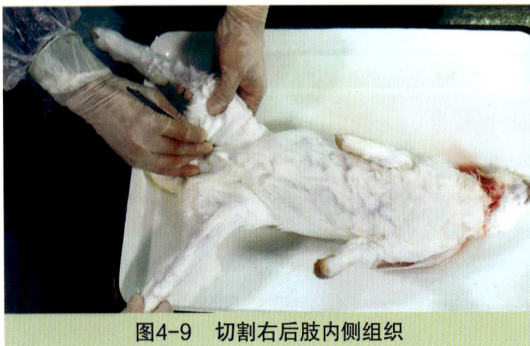

图4-9　切割右后肢内侧组织

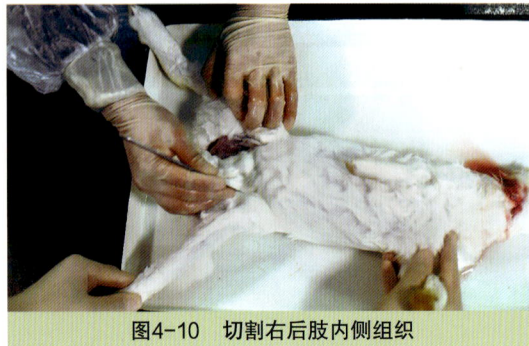

图4-10　切割右后肢内侧组织

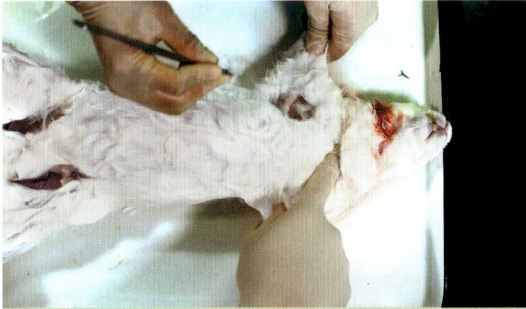

图4-11　切割右前肢内侧组织

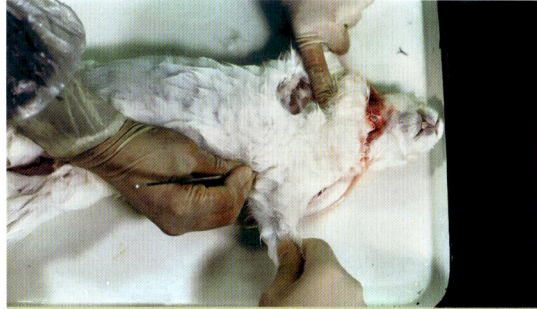

图4-12　切割左前肢内侧组织

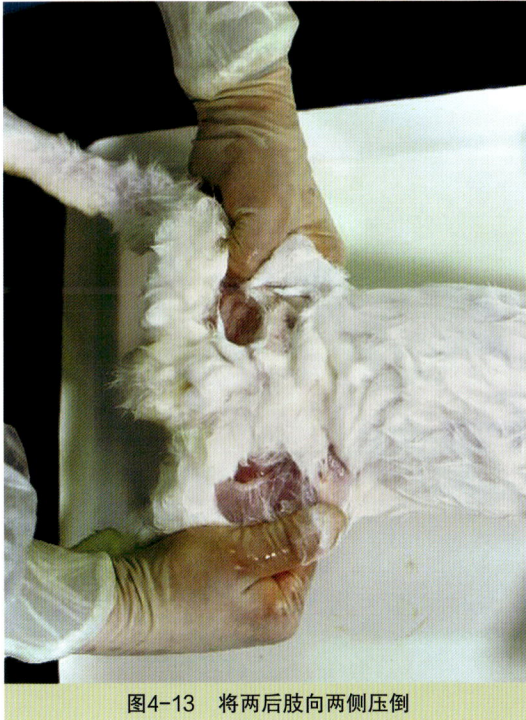

图4-13　将两后肢向两侧压倒

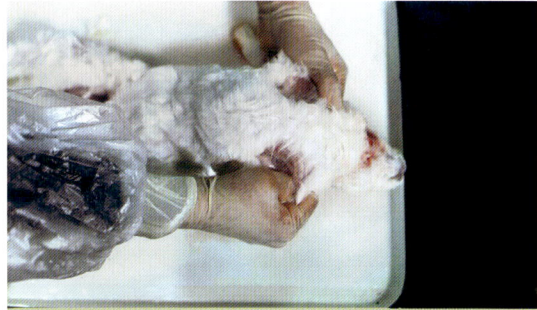

图4-14　将两前肢向两侧压倒

图4-15　将四肢向两侧压倒

　　剖皮时，从下颌正中线开始切开皮肤，经颈部、胸部、沿腹白线向后切至尾跟部（图4-16、图4-17、图4-18、图4-19）。

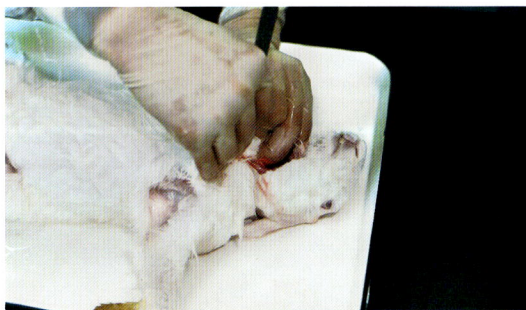

图4-16　下颌正中线切开皮肤

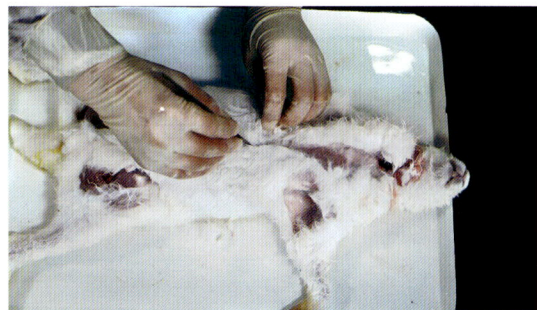

图4-17　下颌正中线经颈部切开皮肤

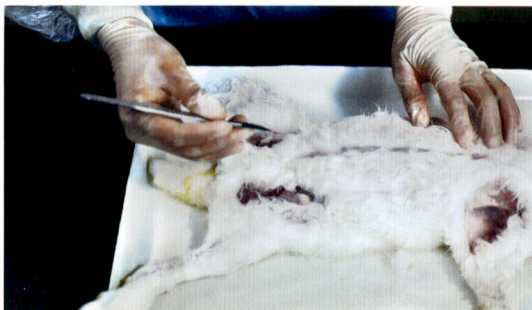

图4-18　下颌正中线切开皮肤经颈部、胸部

图4-19　从下颌正中线开始切开皮肤，经颈部、胸部、腹白线向后切至尾跟部

　　四肢的剖皮，可从系部做一环状切线，然后在四肢内侧做与腹中线垂直的切线（图4-20、图4-21、图4-22），细心剖皮，注意观察皮下组织、肌肉及淋巴结的病理变化（图4-23、图4-24、图4-25）。

图4-20　从系部做一环状切线

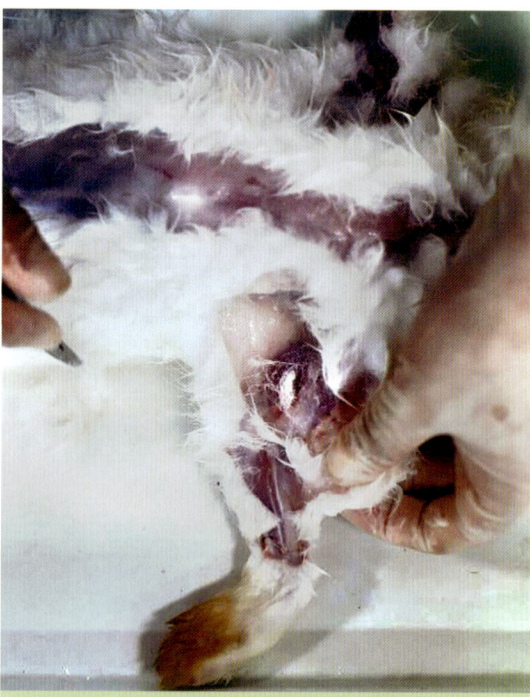

图4-21　在四肢内侧做与腹中线垂直的切线

图4-22　在四肢内侧做与腹中线垂直的切线

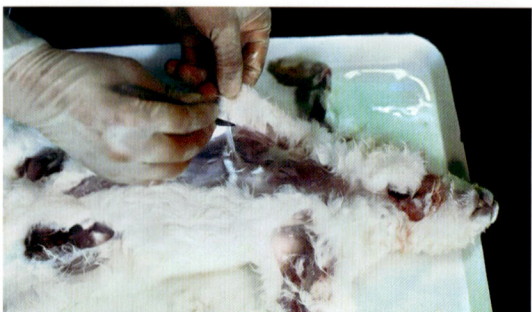

图4-23　细心剖皮

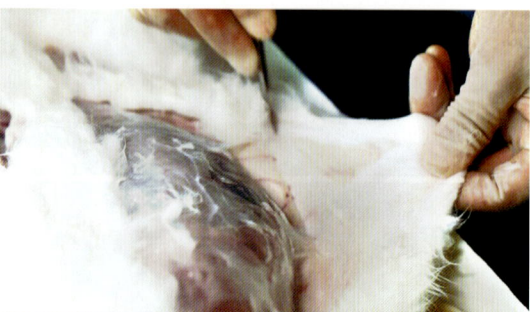

图4-24　注意观察皮下组织

图4-25 注意观察肌肉及淋巴结的病理变化

2. 剖开腹腔

从剑状软骨后方，沿腹白线，由前向后直至耻骨联合处做一切线（图4-26、图4-27、图4-28、图4-29）。然后从剑状软骨后方，沿左右两个肋骨后缘至腰椎横突做第二、第三切线（图4-30、图4-31），使腹壁切成两个大小相等的斜形，即可露出腹腔（图4-32）。

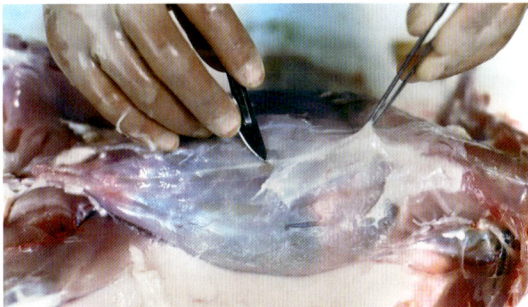

图4-26 从剑状软骨后方，沿腹白线切开腹腔

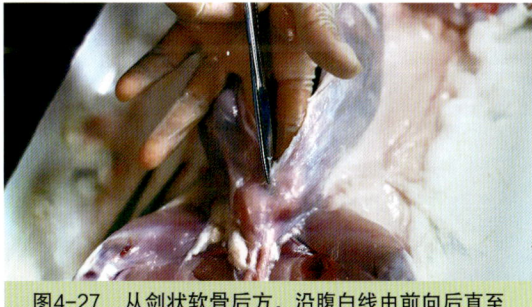

图4-27 从剑状软骨后方，沿腹白线由前向后直至耻骨联合处做一切线

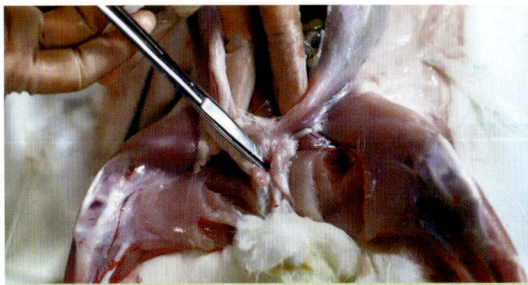

图4-28 从剑状软骨后方，沿腹白线由前向后直至耻骨联合处做一切线

图4-29 从剑状软骨后方，沿腹白线由前向后直至耻骨联合处做一切线

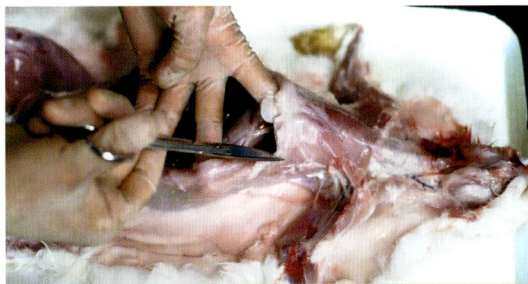

图4-30 从剑状软骨后方，沿左右两个肋骨后缘至腰椎横突做第二、第三切线

图4-31 从剑状软骨后方，沿左右两个肋骨后缘至腰椎横突做第二、第三切线

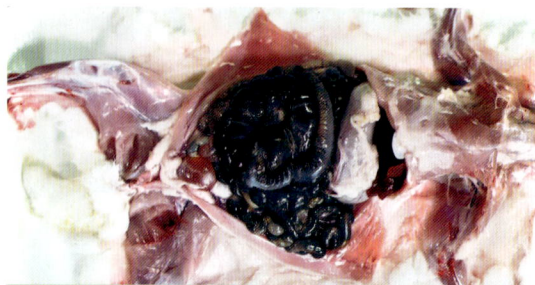

图4-32　将腹壁切成两个大小相等的斜形，
即可露出腹腔

在左季肋部找到脾脏（图4-33），切去其他连接后（图4-34），取出脾脏（图4-35）。

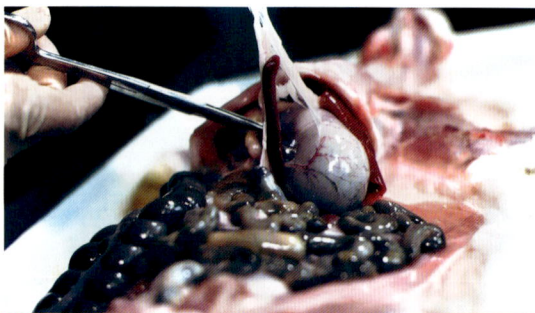

图4-33　在左季肋部找到脾脏

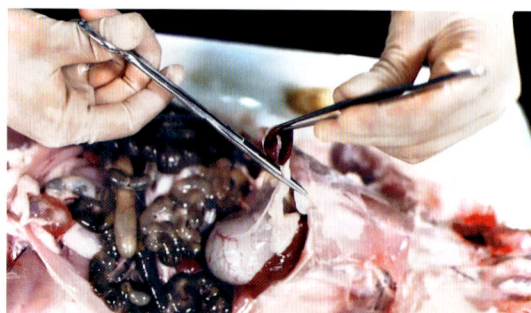

图4-34　在左季肋部找到脾脏，切去其他连接

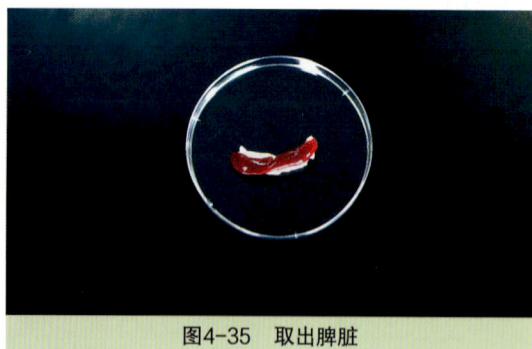

图4-35　取出脾脏

找出盲肠（图4-36），找到并剪断回盲韧带（图4-37、图4-38），将回肠双重结扎（图4-39），并剪断。

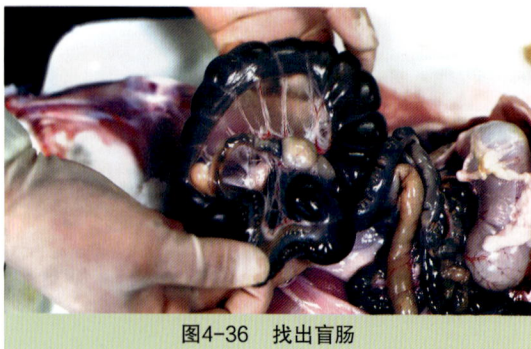

图4-36　找出盲肠

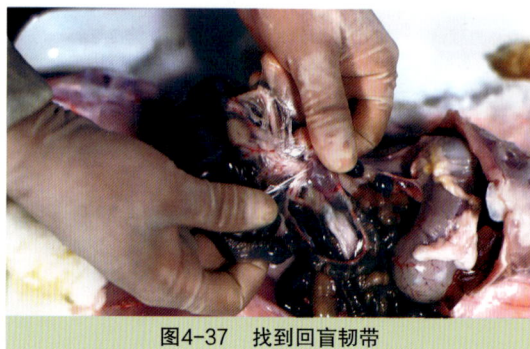

图4-37　找到回盲韧带

图4-38　剪断回盲韧带

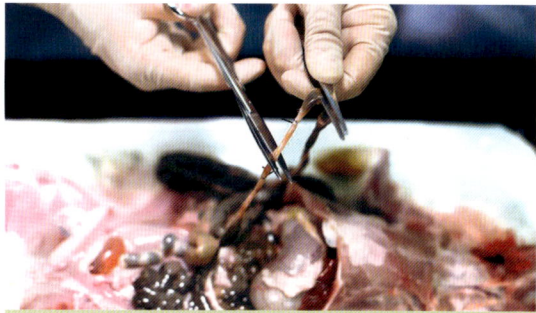

图4-39　回肠双重结扎

分离空肠、回肠上附着的肠系膜，然后在空肠起始处做双重结扎并剪断（图4-40），即可取出空肠、回肠（图4-41）。

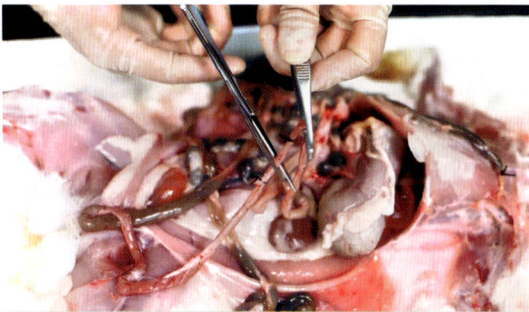

图4-40　空肠起始处做双重结扎并剪断

图4-41　取出空肠、回肠

在骨盆腔内找到直肠（图4-42），将其中的粪便挤向前方做单结扎，并在结扎后方剪断直肠（图4-43），提起直肠，分离直肠周围的联系，即可取出大肠（图4-44）。

图4-42　骨盆腔内找到直肠

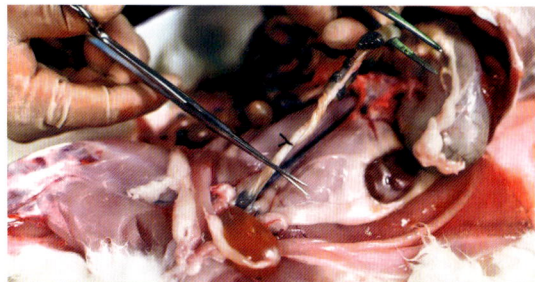

图4-43　将其中的粪便挤向前方做单结扎，并在结扎后方剪断直肠

图4-44　提起直肠，分离直肠周围的联系，即可取出大肠

在横隔后方找到腹段食管，进行单结扎（图4-45），在结扎前端剪断食道（图4-46），即可将胃取出（图4-47）。

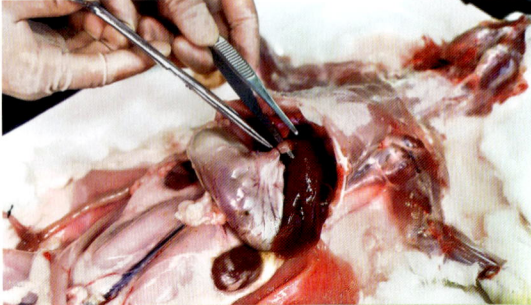

图4-45　在横隔后方找到腹段食管，进行单结扎

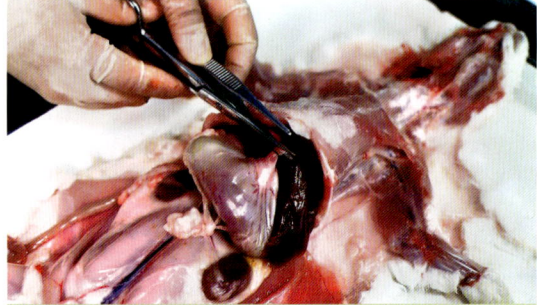

图4-46　在结扎前端剪断食道

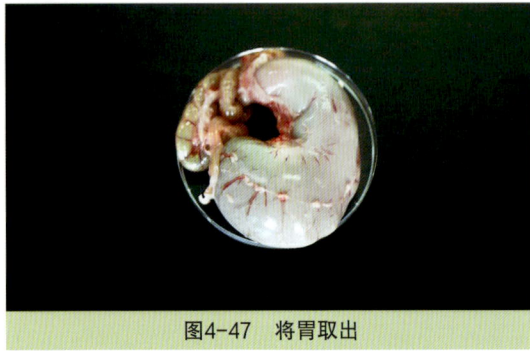

图4-47　将胃取出

剥离肾周围的组织（图4-48），剪断肾动脉及输尿管（图4-49），取出肾脏（图4-50）。

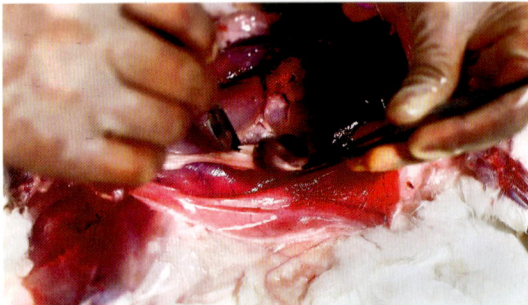

图4-48　剥离肾周围的组织

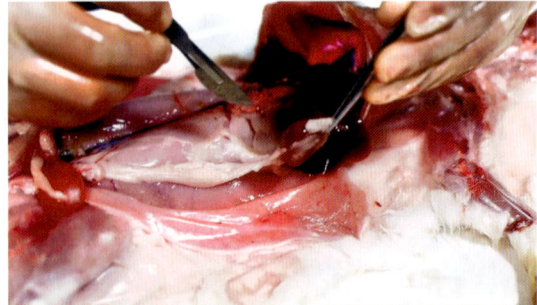

图4-49　剪断肾动脉及输尿管

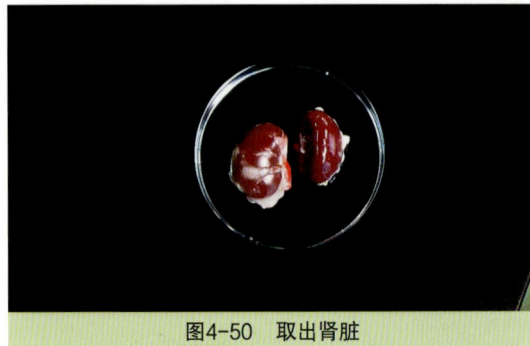

图4-50　取出肾脏

分离肝周围的组织（图4-51），找到并切断肝隔韧带（图4-52、图4-53）将肝脏取出（图4-54）。

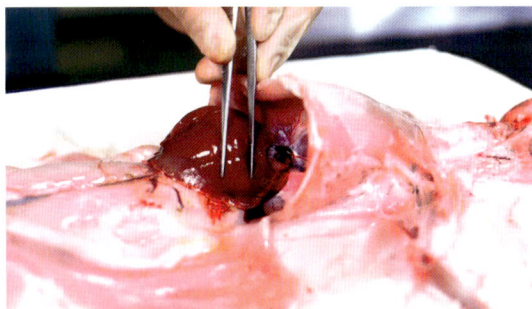
图4-51 分离肝周围的组织

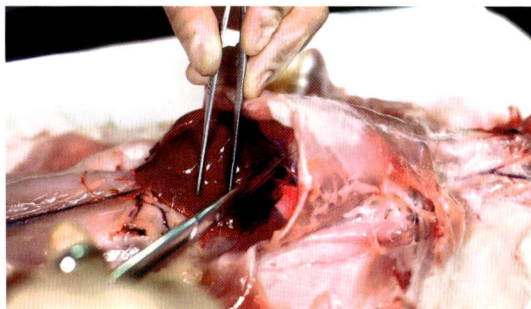
图4-52 找到肝隔韧带

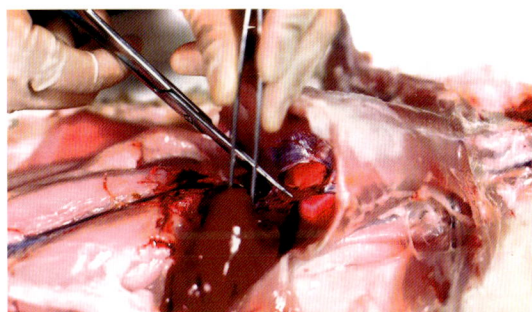
图4-53 切断肝隔韧带

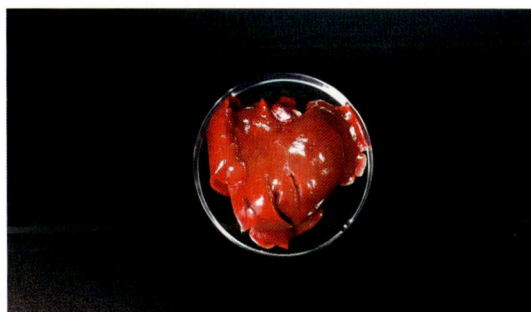
图4-54 将肝脏取出

在膀胱颈部进行单结扎（图4-55），于结扎后端剪断，即可取出膀胱（图4-56）。

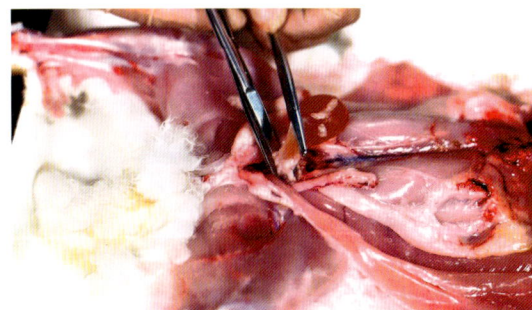
图4-55 在膀胱颈部进行单结扎

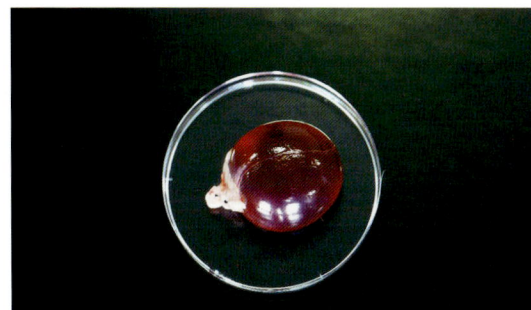
图4-56 于结扎后端剪断，即可取出膀胱

3. 胸腔剖开

剥离胸壁肌肉（图4-57、图4-58），剪断两侧肋骨与肋软骨结合部（图4-59、图4-60），再剪断肋骨与膈及心包的联系（图4-61、图4-62），除去胸骨，暴露胸腔（图4-63、图4-64、图4-65），分离气管与周围组织的联系（图4-66），将气管、肺脏和心脏一同摘除（图4-67、图4-68、图4-69）。

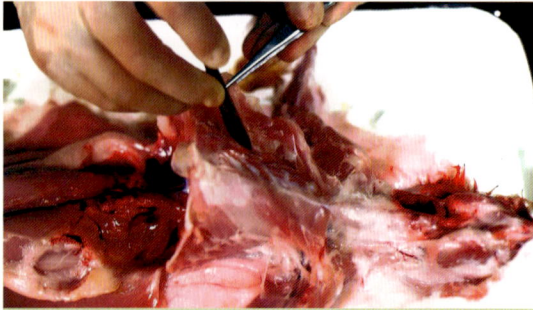
图4-57　剥离胸壁肌肉

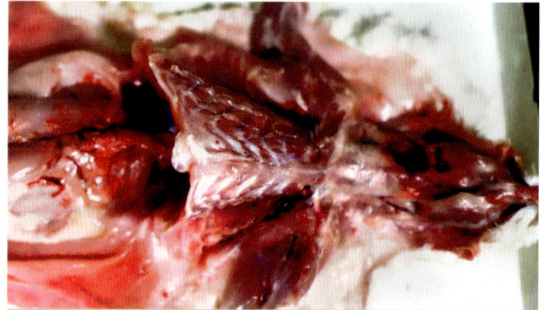
图4-58　剥离胸壁肌肉

图4-59　剪断两侧肋骨与肋软骨结合部

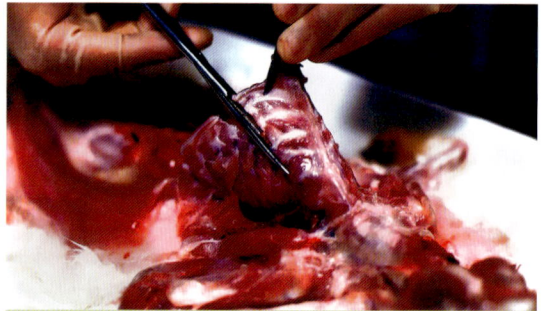
图4-60　剪断两侧肋骨与肋软骨结合部

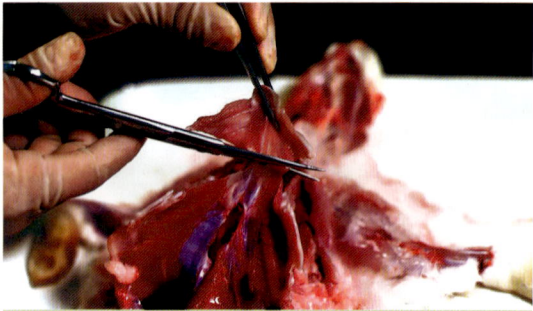
图4-61　剪断肋骨与膈及心包的联系

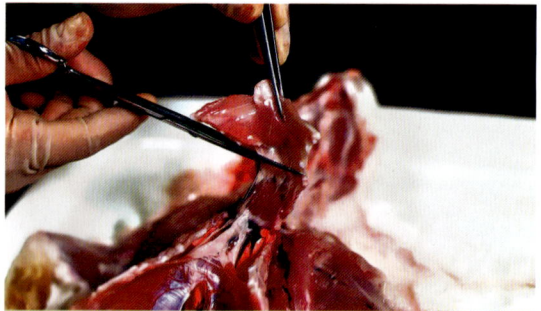
图4-62　剪断肋骨与膈及心包的联系

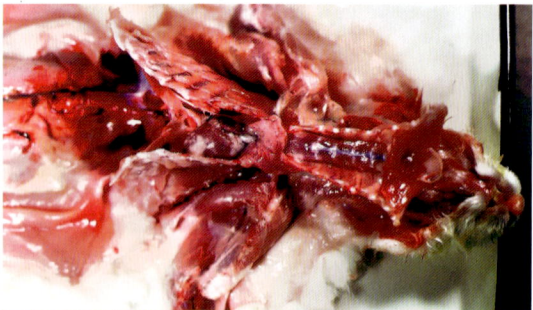
图4-63　除去胸骨

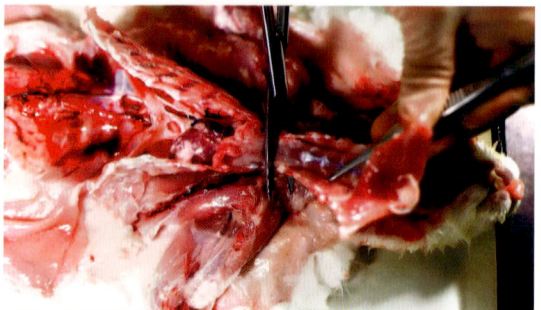
图4-64　除去胸骨

图4-65　除去胸骨，暴露胸腔

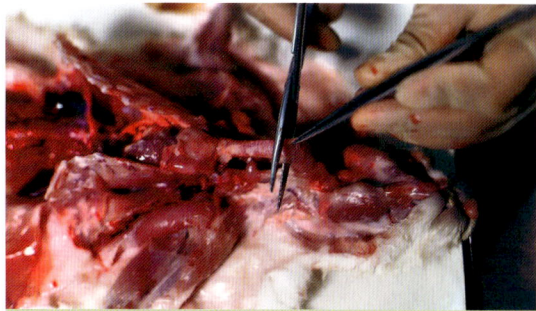

图4-66　分离气管与周围组织的联系

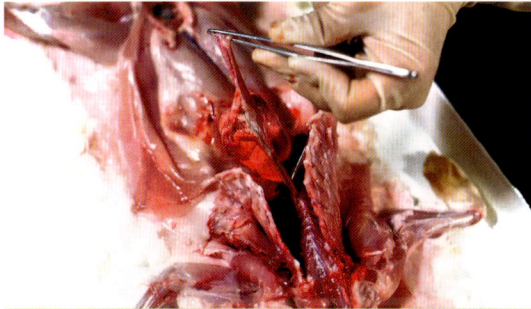

图4-67　将气管、肺脏和心脏一同摘除

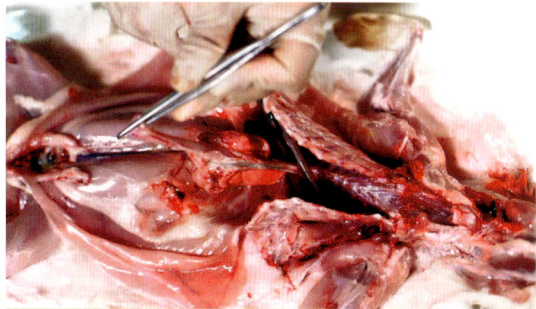

图4-68　将气管、肺脏和心脏一同摘除

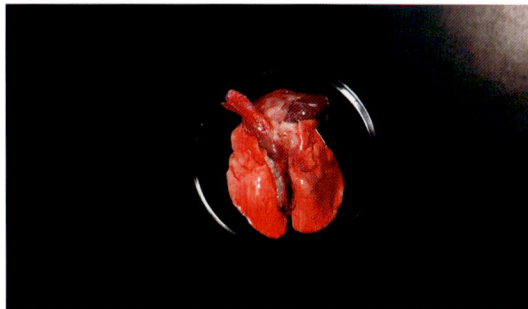

图4-69　将气管、肺脏和心脏一同摘除

4. 颅腔的剖开

　　将兔俯卧，在寰枕关节处做一横切线（图4-70、图4-71），之后从头部两侧分别做两条纵切线（图4-72），向头前方剥离皮肤及肌肉（图4-73、图4-74、图4-75）。

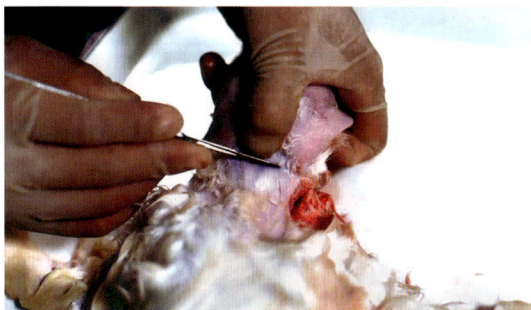

图4-70　将兔俯卧，在寰枕关节处做一横切线

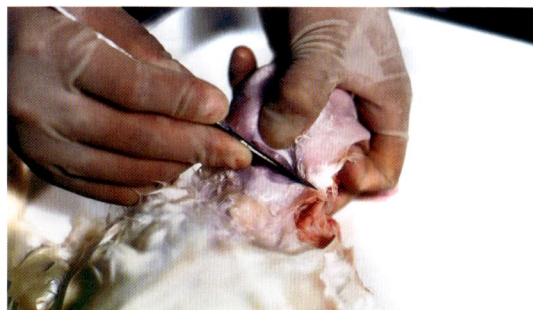

图4-71　将兔俯卧，在寰枕关节处做一横切线

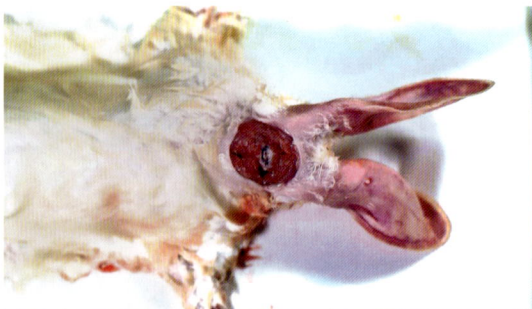

图4-72 从头部两侧分别做两条纵切线

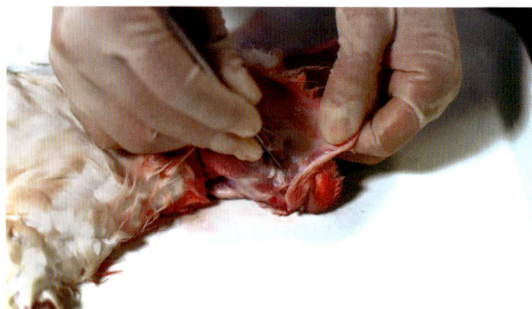

图4-73 向头前方剥离皮肤及肌肉

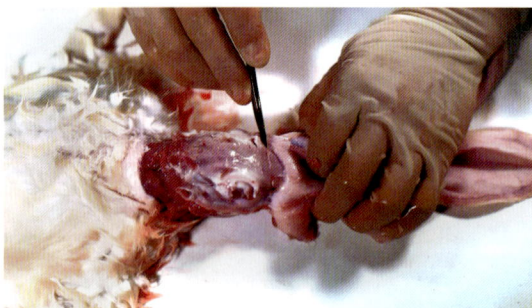

图4-74 向头前方剥离皮肤及肌肉

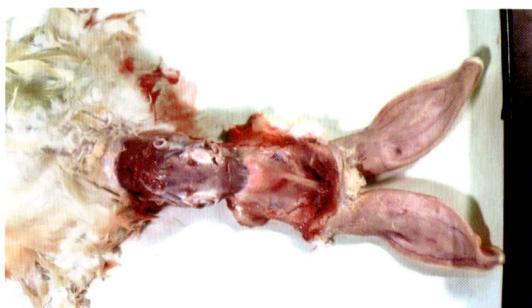

图4-75 向头前方剥离皮肤及肌肉

　　用剪刀从两侧眼眶后缘做一剪切线（图4-76），从此剪切线两端经额骨、顶骨侧面至整体外缘处做两条平行的纵剪切线（图4-77、图4-78），用力掀开颅顶骨（图4-79），露出颅腔（图4-80），小心地将脑取出（图4-81）。

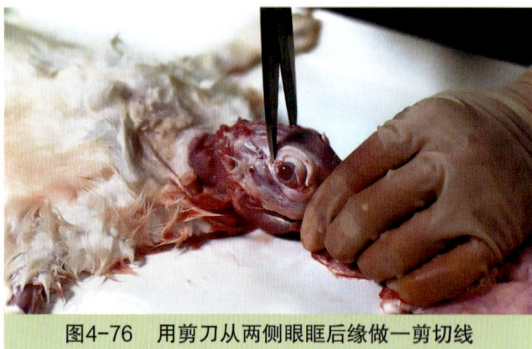

图4-76 用剪刀从两侧眼眶后缘做一剪切线

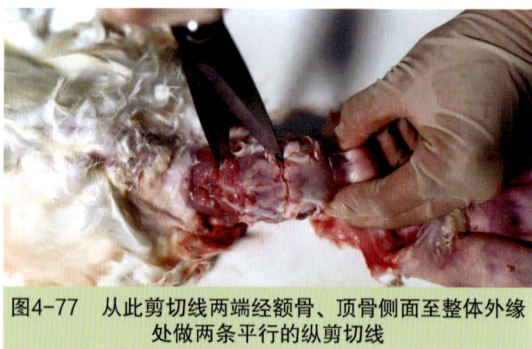

图4-77 从此剪切线两端经额骨、顶骨侧面至整体外缘处做两条平行的纵剪切线

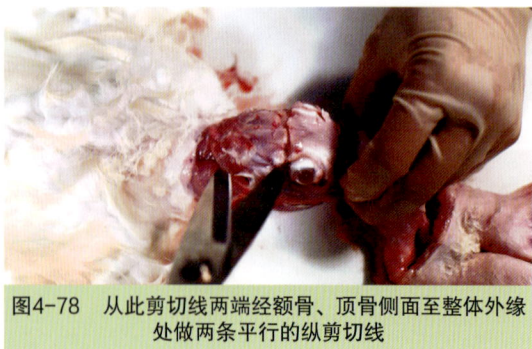

图4-78 从此剪切线两端经额骨、顶骨侧面至整体外缘处做两条平行的纵剪切线

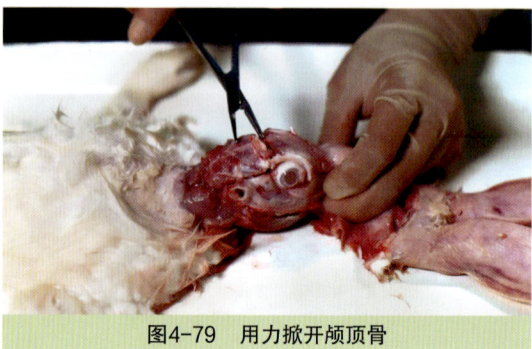

图4-79 用力掀开颅顶骨

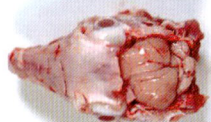

图4-80　露出颅腔

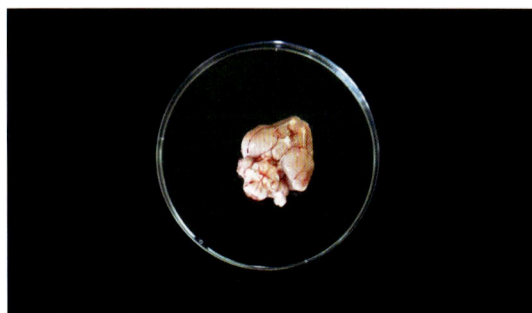

图4-81　小心地将脑取出

项目 *5* 组织器官检查技术

一　腹　腔

1. 胃

检查要点：胃的外观，浆膜、黏膜的病变，胃内容物性状等。

①观察胃的大小、形态、胃壁软硬程度等（图5-1）。

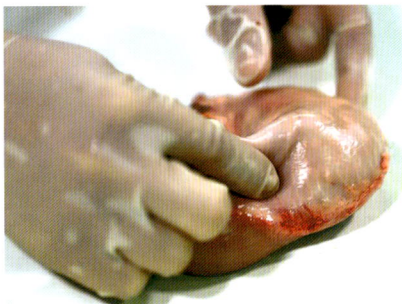

图5-1　观察胃的外观、大小及软硬度

②观察浆膜有无出血等变化，胃壁有无粘连、破损、穿孔等，淋巴结是否存在充血、肿大等变化（图5-2）。

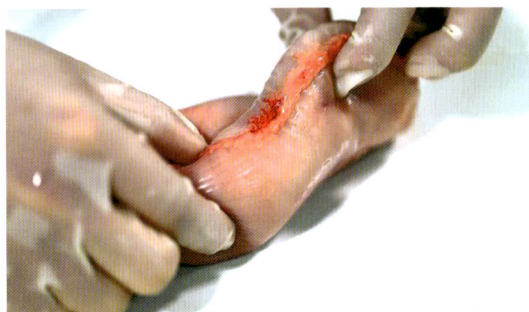

图5-2　观察胃浆膜是否异常

③由贲门沿胃大弯至幽门处剪开胃（图5-3），检查胃内容物，判断食物种类、性状（液态、半固态、固态），并观察内容物中有无异物（图5-4）。

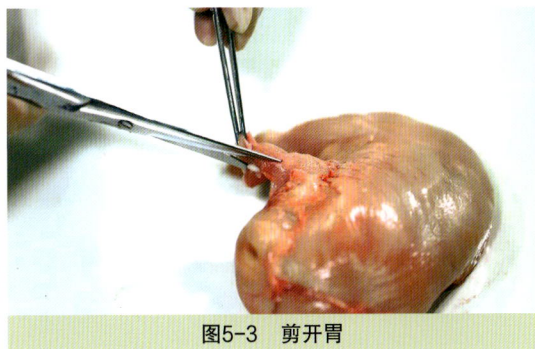

图5-3　剪开胃

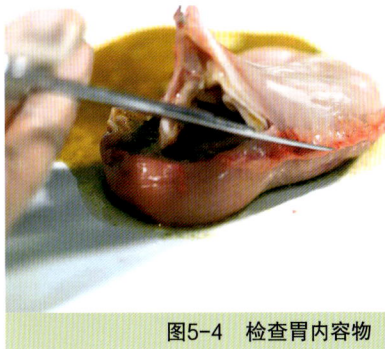

图5-4　检查胃内容物

④观察胃黏膜颜色，有无充血、出血、溃疡等，观察黏液数量和性状（浆液性、黏液性、脓性、纤维素性、出血性）（图5-5）。

图5-5　检查胃黏膜

2. 肠道

分段检查，检查要点：浆膜、肠系膜有无出血、水肿，淋巴结状态，内容物的数量、性状，黏膜状态。

（1）小肠

①检查各肠段是否有鼓气等现象（图5-6）。

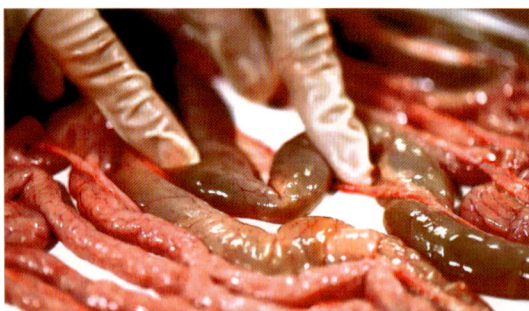

图5-6　检查小肠各肠段是否鼓气

②观察浆膜状况，有无充血、出血、水肿等（图5-7）。

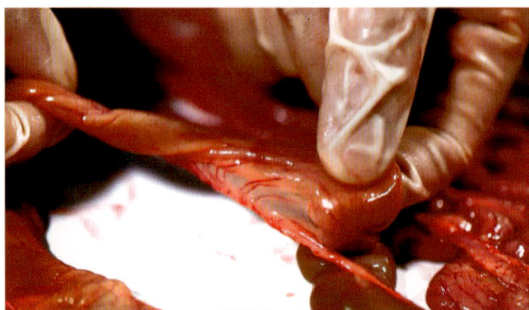

图5-7　观察小肠各肠段浆膜

③检查肠系膜有无水肿、出血等现象及肠系膜淋巴结的状况（图5-8）。

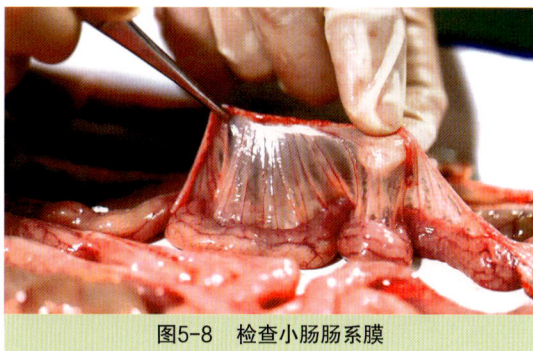

图5-8　检查小肠肠系膜

④拉直肠管，沿肠系膜附着处剪开肠腔（图5-9），检查内容物性状、数量，对于十二指肠处，应观察其中的胆汁是否异常或有无异物等（图5-10）。

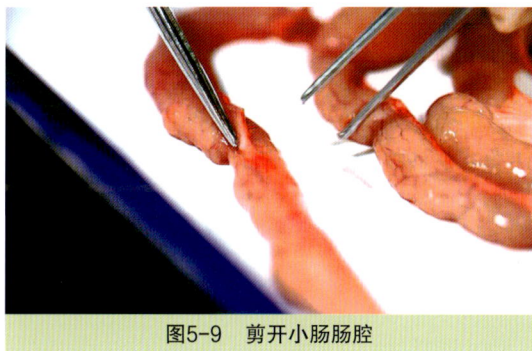

图5-9　剪开小肠肠腔

图5-10　检查小肠内容物

⑤观察黏膜是否肿胀、充血、出血，有无糜烂、溃疡等，如遇病变，应暂停查看，并做记录（图5-11）。

图5-11　检查小肠黏膜

（2）大肠

①检查各肠段是否有鼓气等现象（图5-12）。

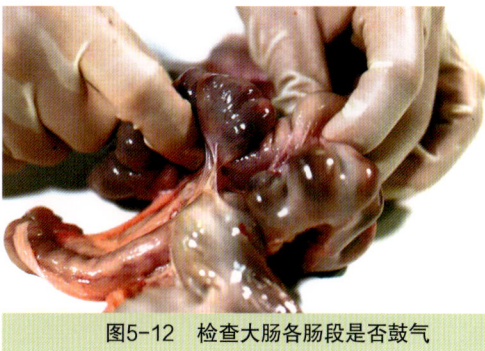

图5-12　检查大肠各肠段是否鼓气

②观察浆膜状况，有无充血、出血、水肿等（图5-13）。

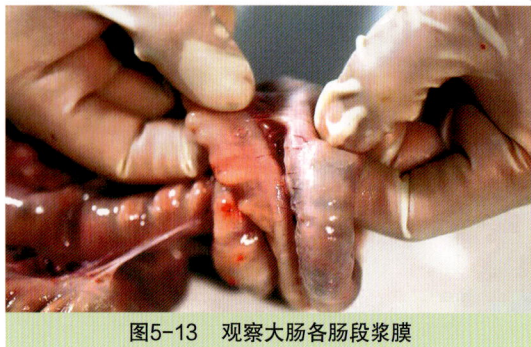

图5-13 观察大肠各肠段浆膜

③检查肠系膜有无水肿、出血等现象及肠系膜淋巴结的状况（图5-14）。

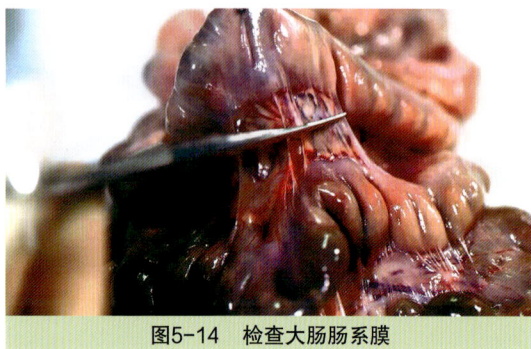

图5-14 检查大肠肠系膜

④剪开肠道间肠系膜的联系，拉直肠管，沿肠系膜附着处剪开肠腔（图5-15），检查内容物性状、硬度、干湿度、数量等状况（图5-16、图5-17）。

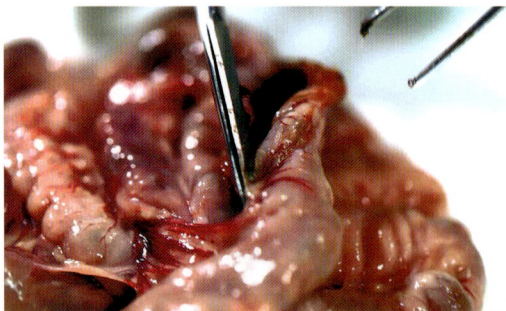

图5-15 剪开大肠肠腔

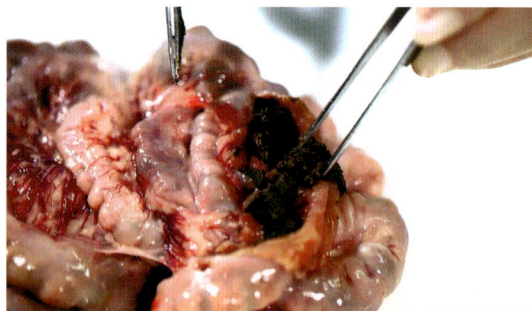

图5-16 检查粪便

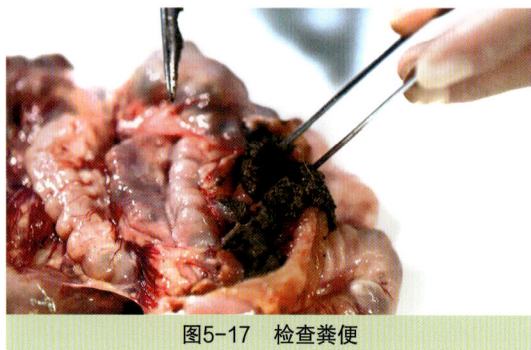

图5-17 检查粪便

⑤清理大肠内容物，观察肠壁有无厚薄变化，以及黏膜有无肿胀、充血、出血、渗出、溃疡等病理变化（图5-18、图5-19）。

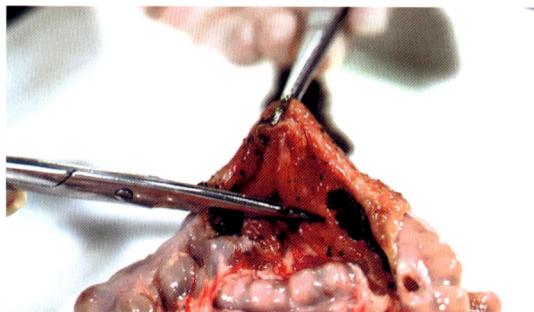

图5-18　清理大肠内容物

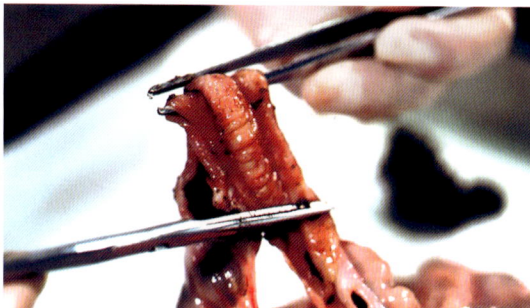

图5-19　检查大肠黏膜

3. 脾脏

检查要点：脾外观、脾小梁及脾髓状态。

①将脾脏面向上摆好（图5-20），测量脾的长、宽、厚度，观察脾的形状、颜色以及是否有瘢痕、结节、出血、坏死或梗死等现象，被膜是否紧张等（图5-21）。

图5-20　摆放脾脏

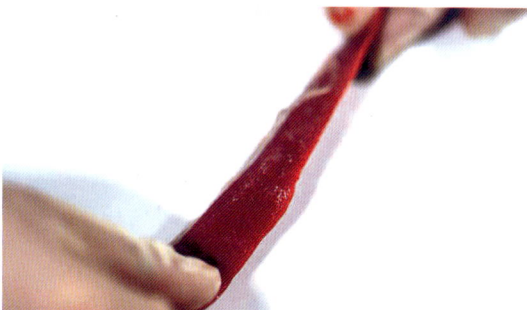

图5-21　观察脾脏外观

②用手触摸，判断脾的质地是否有变化（坚硬、柔软、脆弱）（图5-22）。

图5-22　检查脾脏质地

③纵切（由最凸处向脾门）（图5-23）、横切（脾头、尾处）（图5-24），观察纵切面颜色、血量、是否存在外翻等状况（图5-25）。

图5-23　纵切脾脏

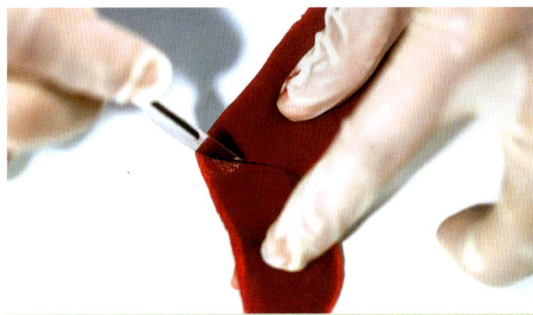

图5-24　横切脾脏

图5-25　观察脾脏纵切口

④观察脾髓和小梁的状态及比例（图5-26），是否有结节，界限清晰与否，小梁纹理是否有变化等。

图5-26　观察脾髓

⑤用刀背刮蹭，观察脾髓是否容易刮脱。

4. 胰脏

检查要点：胰脏外观、质地。

①检查所属淋巴结是否异常（图5-27、图5-28）。

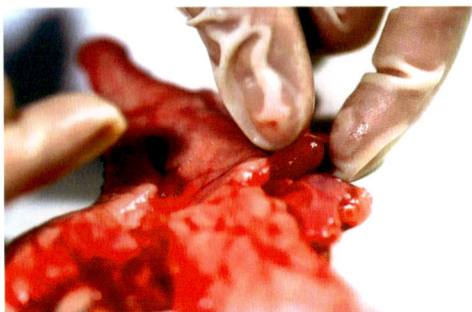

图5-27　检查胰淋巴结外观

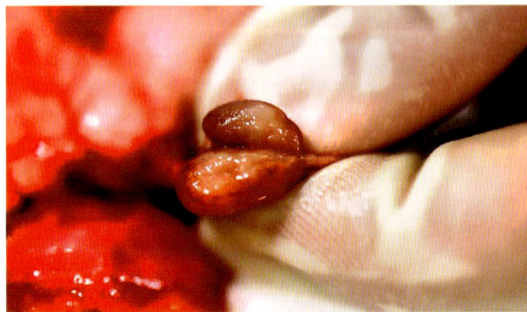

图5-28　切开胰淋巴结并检查

②观察胰脏的颜色、形态等是否异常（图5-29）。

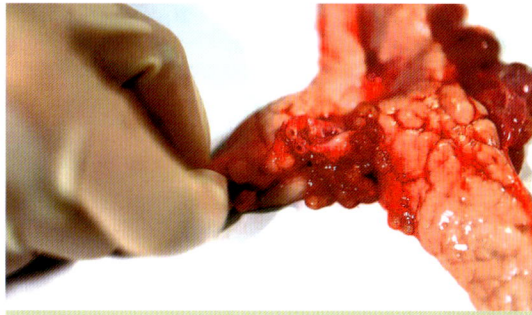

图5-29　观察胰脏外观

③检查胰脏的质地是否发生变化。

④做切面检查，观察胰脏内部的状况（图5-30、图5-31），是否存在异常。

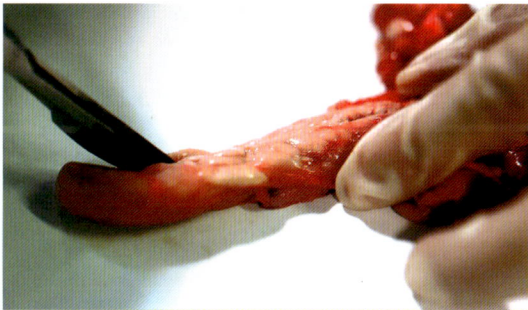

图5-30　切开胰脏

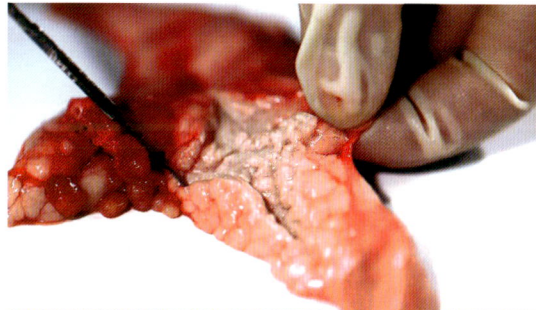

图5-31　检查胰脏内部

⑤必要时，可用探针插入胰管并沿其切开胰管，以观察管内膜及内容物的变化。

5. 肝脏及胆囊

检查要点：肝脏的外观、质地，切开检查肝组织是否有变化，检查胆囊外观及内容物。

①检查肝门部的血管、胆管、淋巴结等（图5-32）。

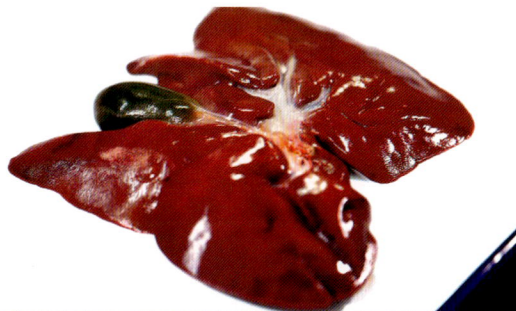

图5-32　检查肝门

②对肝进行称重，检查肝脏的颜色、大小、形态，被膜是否紧张等（图5-33），并用尺子测量其长、宽、厚度，检查肝的叶数。

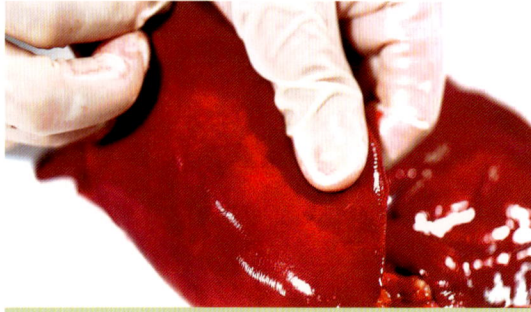
图5-33 检查肝叶

③观察肝脏表面是否有明显出血、坏死、结节等情况（图5-34），并用手触摸，判断其厚薄、质地是否有变化，是否有明显的凹凸不平等状况（图5-35）。

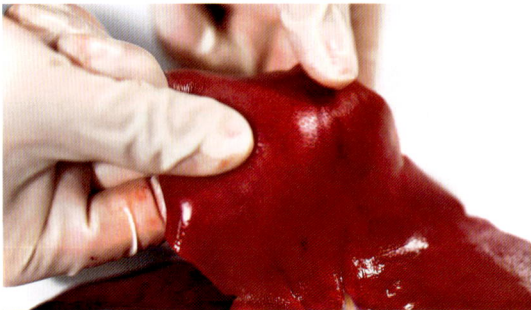
图5-34 检查肝脏表面

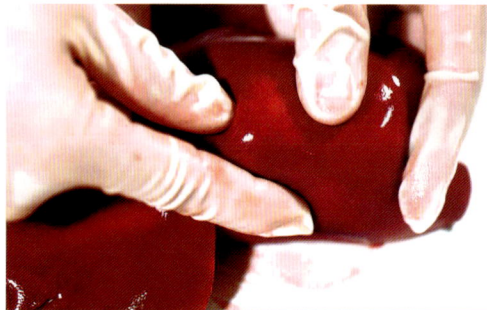
图3-35 触摸肝脏，检查质地

④横切或纵切肝叶（图5-36），观察切面的色泽、质地、含血量等情况，注意切面是否有外翻、是否有异样物质流出等状况（图5-37）。

图5-36 纵切肝叶

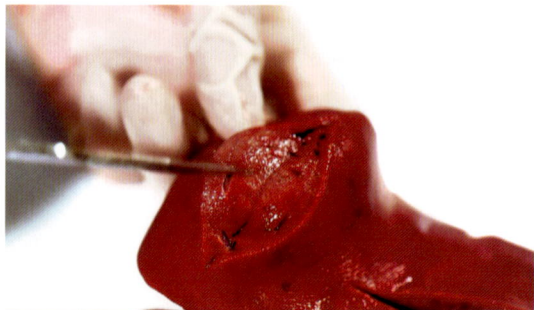
图5-37 检查切面

⑤观察肝小叶结构是否清晰（图5-38），有无脓肿、结节、坏死等病理变化。

图5-38 检查肝小叶

⑥观察胆囊的大小、颜色、充盈程度等（图5-39）。

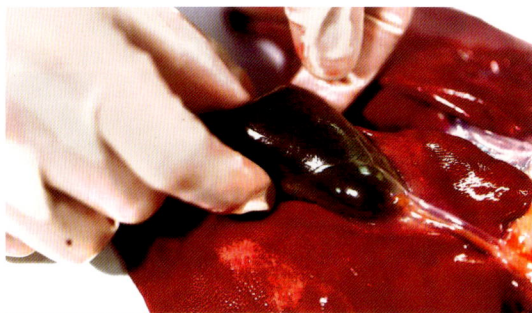

图5-39　检查胆囊

⑦剪开胆囊（图5-40），观察胆汁的颜色和浓稠程度（图5-41），以及是否有结石、出血，内壁是否有溃疡等状况。

图5-40　剪开胆囊

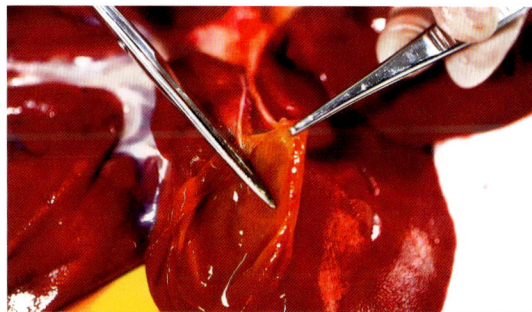

图5-41　检查胆汁

6. 肾脏

检查要点：肾脏的外观、质地，切开检查肾组织是否有变化。
①观察肾脏的形态、大小、色泽和质地，被膜是否紧张等（图5-42）。

图5-42　观察肾脏外观

②由肾的外侧向肾门处将肾纵切成两半（保留肾门处部分软组织连接）（图5-43），用镊子剥离被膜，检查其是否易剥离（图5-44）。

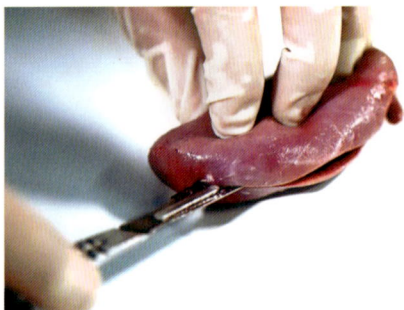

图5-43　纵切肾脏

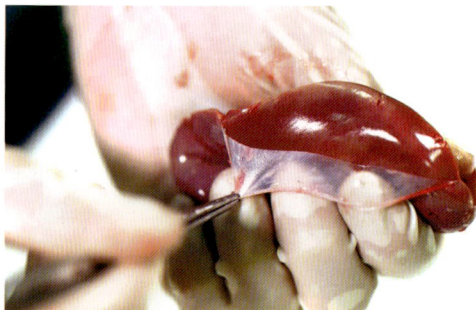

图5-44　剥离被膜

③检查剥离被膜后的肾的表面是否光滑、平坦，有无颗粒状或明显的出血、梗死、脓肿或囊肿、瘢痕等病理变化（图5-45）。

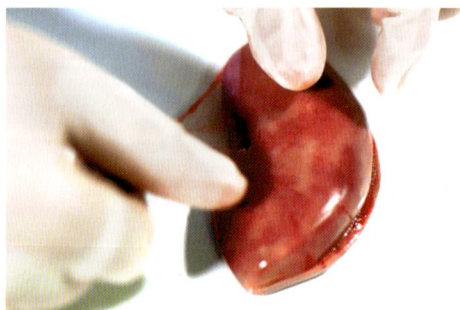

图5-45　检查肾脏表面

④检查切面，观察皮质、髓质和中间带之间的界限是否清晰，以及各层的颜色、质地、比例、结构是否清晰等基本状态（图5-46）。

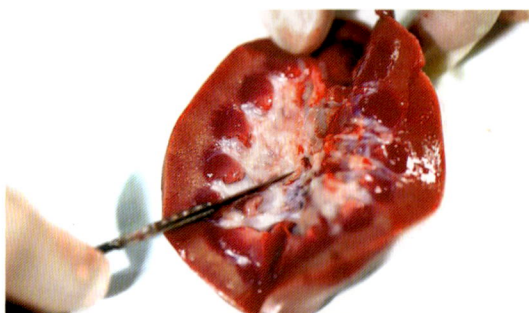

图5-46　检查肾脏切面

⑤剪开肾盂，检查内容物的性状、颜色、结石等，以及肾盂黏膜是否有出血等病变（图5-47）。

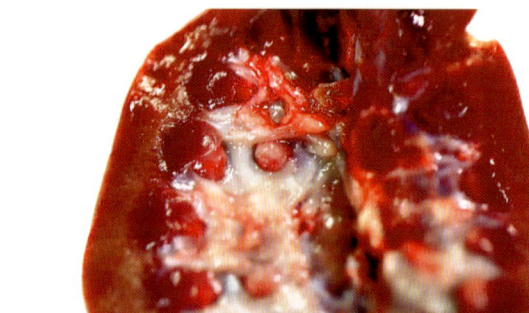

图5-47　检查肾盂

二 胸 腔

1. 肺脏

检查要点：肺脏的外观、质地，切开检查其内部组织是否有变化。

①将肺脏背面向上放置（图5-48），观察肺的大小、颜色、质地、弹性、分叶，表面是否平坦，有无明显病灶等（图5-49）。

图5-48　摆放肺脏

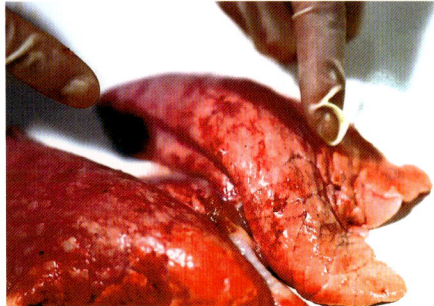
图5-49　检查肺脏外观

②剪开气管（图5-50），检查气管黏膜的色泽，分泌物的性状、数量等（图5-51）。

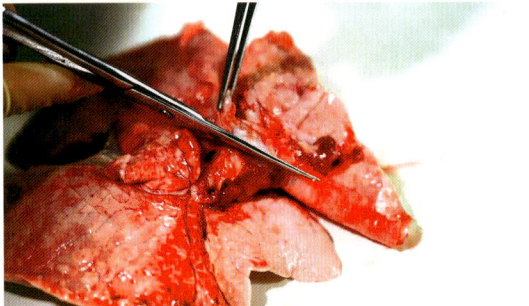
图5-50　剪开气管

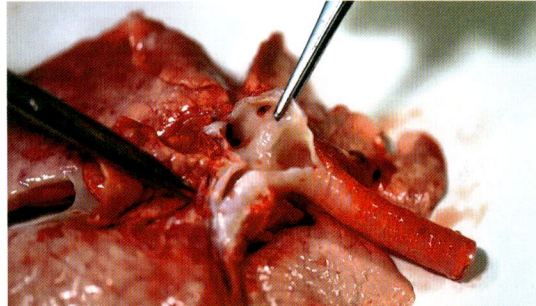
图5-51　检查气管内部状况

③先纵后横切开肺叶（图5-52、图5-53），观察切面是否外翻，切面流出物的颜色、性状，肺组织的含血量、色泽，血管充盈程度，有无血栓等（图5-54）。

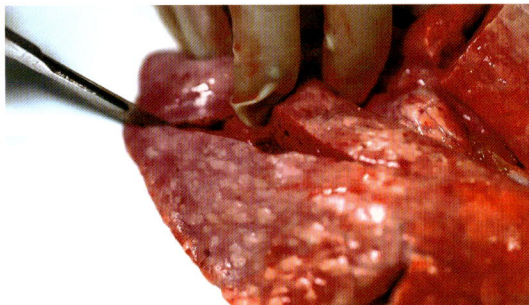
图5-52　纵切肺叶

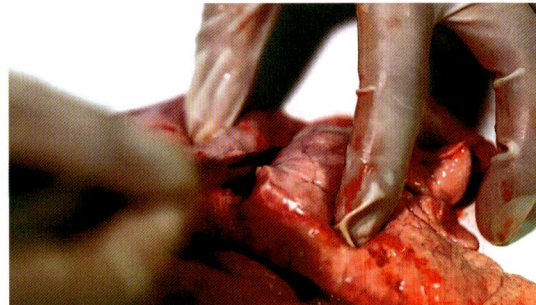
图5-53　横切肺叶

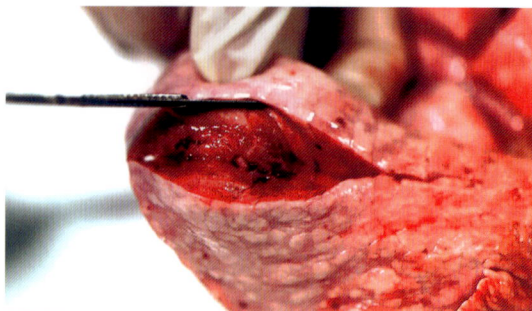

图5-54 检查肺叶切面

④观察支气管中黏膜的色泽，分泌物性状及数量，是否存在寄生虫、食物、药物等异物。

⑤如发现病灶，则剪取小块肺组织（图5-55），并投入清水中，观察其沉浮情况以做进一步的判断。

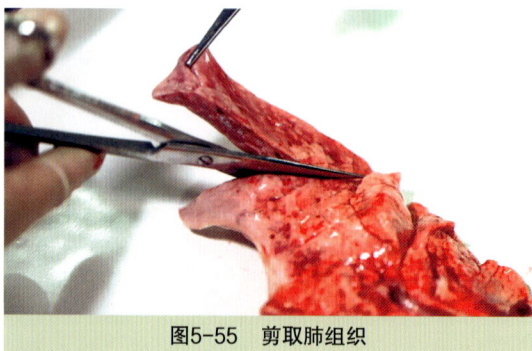

图5-55 剪取肺组织

2. 心脏

检查要点：表面的血管沟及血管内的状况，心脏外观，切开检查心肌组织的变化，二尖瓣、三尖瓣、心腔内的状况等。

①观察心脏冠状沟的脂肪量及性状，有无明显的出血点、斑（图5-56）。

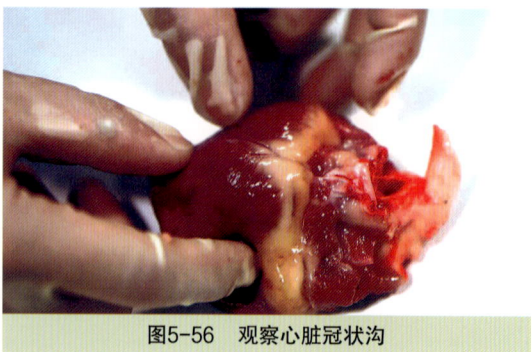

图5-56 观察心脏冠状沟

②观察心脏的外观、形状、大小、颜色、充盈程度及心外膜的性状等（图5-57）。

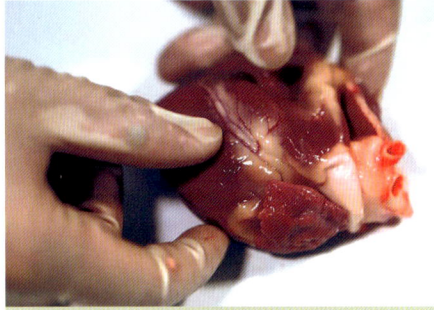

图5-57　观察心脏外观

③从冠状血管自主动脉出口处剪开冠状动脉及其分支（图5-58），观察是否有血栓形成，检查主动脉有无异常（图5-59）。

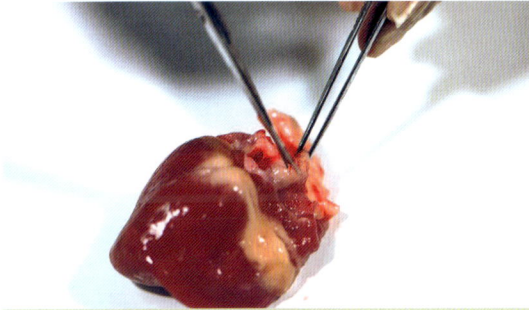

图5-58　剪开主动脉

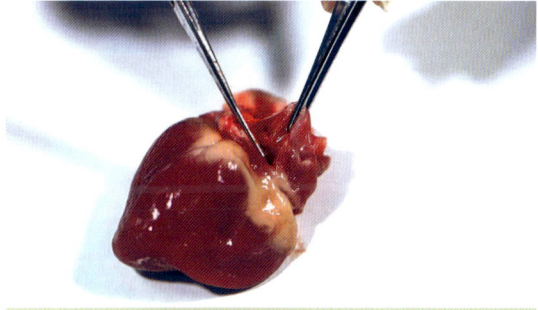

图5-59　检查主动脉

④按血流方向由后腔静脉入口剪开右心房至心尖部（图5-60），并剪开右心室及肺动脉，观察三尖瓣瓣膜的状况，是否光滑，有无增厚、变形、缺损，是否有血栓形成（图5-61）。

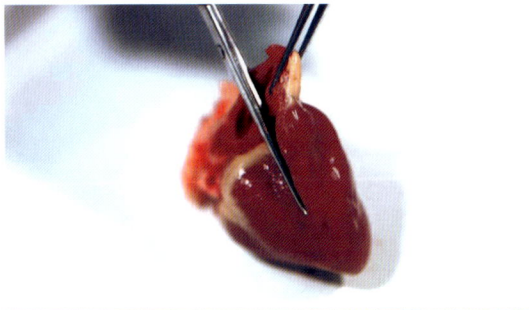

图5-60　剪开右心房

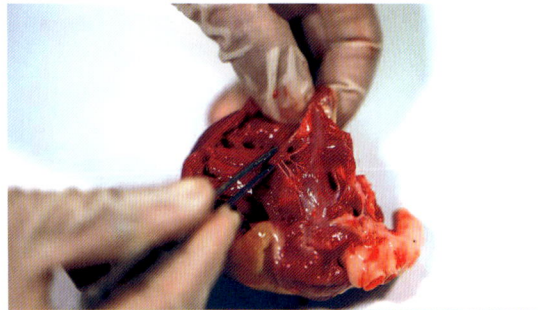

图5-61　观察三尖瓣

⑤剪开左心房及主动脉（图5-62)，观察二尖瓣瓣膜的状况（图5-63）。

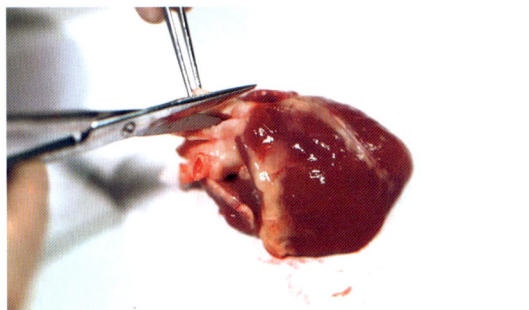

图5-62　剪开左心房

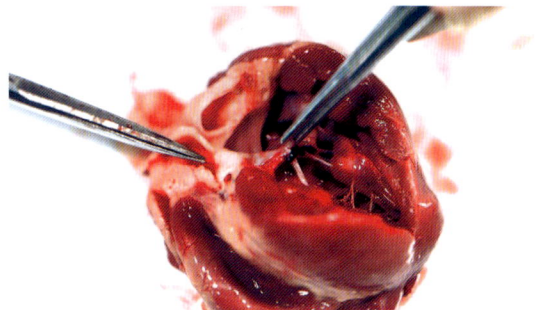

图5-63　观察二尖瓣

⑥检查心脏内的血液性状、数量及心内膜的光泽度，有无出血，是否有血栓形成等（图5-64）。

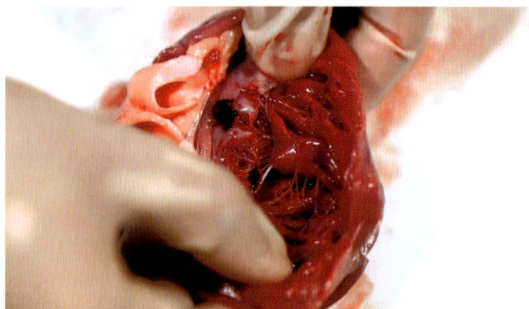

图5-64　检查心脏内情况

⑦沿室中隔横切（图5-65），检查心肌厚薄是否异常（左∶右=3∶1），心肌质地、颜色、光泽、弹性，有无变性、坏死、出血、瘢痕等（图5-66）。

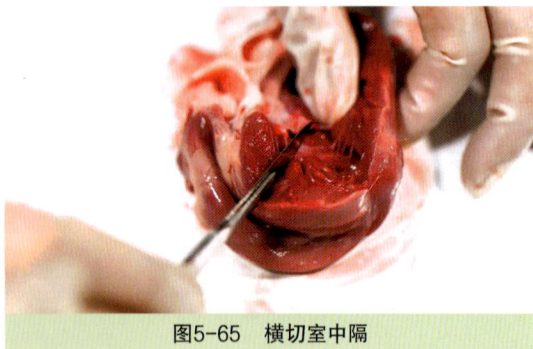

图5-65　横切室中隔

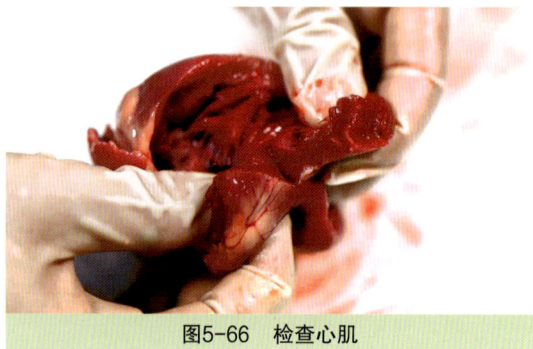

图5-66　检查心肌

三　骨盆腔

1. 膀胱及输尿管

检查要点：膀胱外观，膀胱、输尿管的内容物性状及内部黏膜状况。

①观察膀胱的大小以及浆膜有无明显病变（图5-67）。

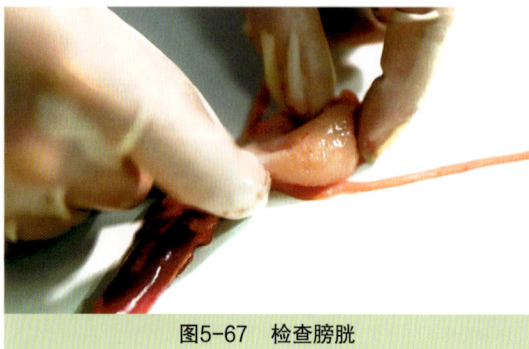

图5-67　检查膀胱

②自基部剪开膀胱（图5-68），检查内容物的数量、性状，有无结石等，翻开膀胱检视其黏膜是否有出血、溃疡等（图5-69、图5-70）。

图5-68　剪开膀胱

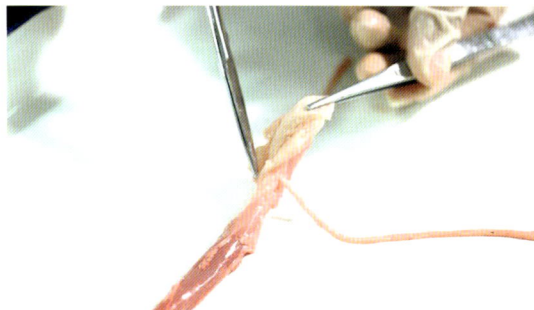

图5-69　检查膀胱黏膜

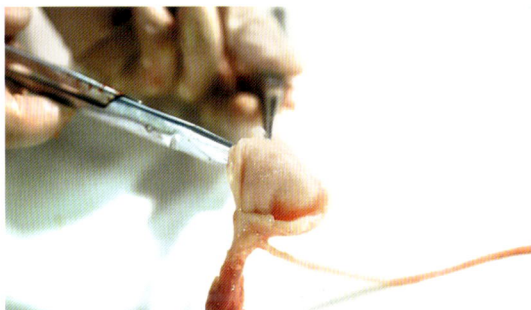

图5-70　检查膀胱内的状况

③剪开输尿管（图5-71），检查其黏膜及内容物性状（图5-72）。

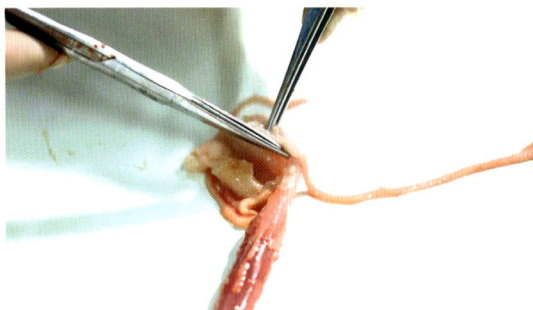

图5-71　剪开输尿管

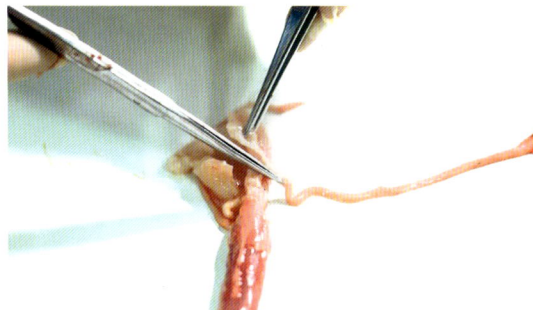

图5-72　检查输尿管内的状况

2. 生殖系统

检查要点：公畜外生殖器检查、副性腺检查，母畜卵巢及输卵管、子宫、阴道状况的检查。

（1）雄性

①检查公畜外生殖器，观察其形态是否正常，检视包皮，观察其有无肿胀、溃疡、瘢痕等，龟头、包皮分泌物有无异常（图5-73）。

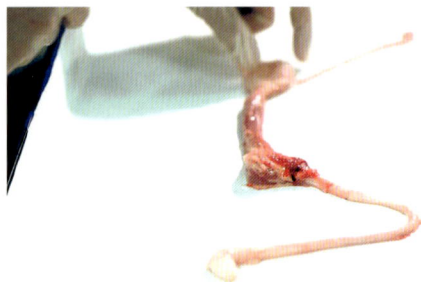

图5-73　检查阴茎

②自尿道口沿腹侧中线剪开阴茎至尿道骨盆部，观察尿道黏膜有无出血等病变，尿道内是否有结石。

③横切检查阴茎海绵体。

④检查睾丸和副性腺，观察其外形、大小、质地，切开检视切面状态及内容物性状等是否存在异常。

（2）雌性

①通过触摸、剪开输卵管的方式，检查其是否阻塞，管壁有无增厚或变薄的情况，内部黏膜是否出现出血等病变。

②观察卵巢的大小、性状等，并切开检查黄体、卵泡的情况。

③沿阴道上部正中线依次剪开阴道、子宫颈和子宫体的大部分，再斜向剪开子宫角部，以充分打开阴道及子宫，检视各部分的内腔容积、内容物性状，黏膜的色泽、湿度、弹性等，以及黏膜是否有出血、溃疡、糜烂、破裂、瘢痕等。

四　其他

1. 淋巴结

检查要点：淋巴结的外观，切开检查其内部的变化。

①观察淋巴结的大小、颜色、质地，是否有充血、出血、肿胀等病理变化（图5-74）。

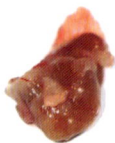

图5-74　观察淋巴结外观

②纵向切开淋巴结，观察切面的病变细节（图5-75）。

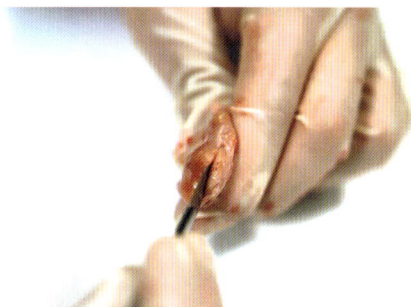

图5-75　纵切淋巴结并检查

2. 脑

检查要点：脑外观，脑沟、脑回状态，切开脑组织，观察灰质、白质状况，垂体的状况等。

①脑底向上放置，检查脑底，观察神经、血管状况（图5-76）。

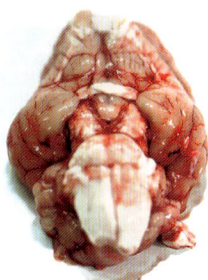

图5-76　检查脑底

②观察脑膜是否出现浑浊、充血、出血等变化，脑沟内是否蓄积了渗出物以及深浅变化，检查脑回是否扁平或变窄（图5-77）。

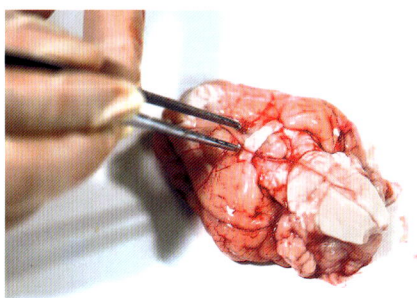

图5-77　检查脑膜

③切开（每切一刀均要冲洗刀面，以防黏着）检查脑组织的湿度，灰质和白质的颜色、质地，有无出血、血肿、脓肿、坏死、包囊等病变（图5-78、图5-79）。

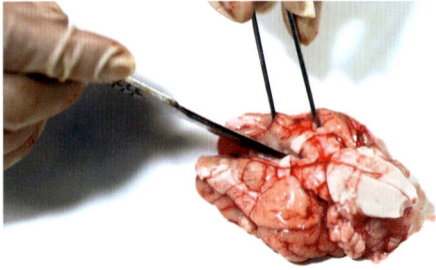

图5-78　切开脑组织

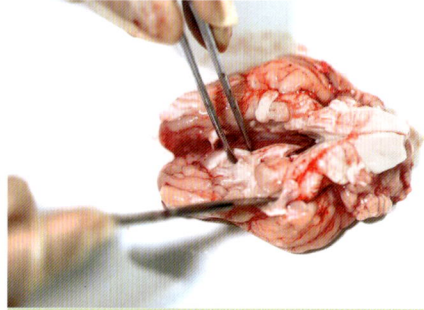

图5-79　检查脑组织

④检查垂体，观察其大小，纵向切开，观察切面的颜色、光泽、质地等（图5-80）。

图5-80　检查垂体

REFERENCES
参考文献

[1] 陈怀涛.动物尸体剖检技术[M].兰州：甘肃科学技术出版社，1989.

[2] 赵德明.兽医病理学[M].3版.北京：中国农业大学出版社，2012.

[3] 陈耀星.动物解剖学彩色图谱[M].北京：中国农业出版社，2013.

动物剖检技术图谱

ATLAS OF ANIMAL AUTOPSY TECHNOLOGY